U0311955

●成都理工大学"戏剧与影视文学科研创新团队"基金资助
●宜宾学院博士科研基金资助
●2015 年度国家艺术基金项目资助

被冷落和损害的戏楼

——四川古戏楼掠影

何光涛　等◎著

文字： 何光涛　李　珊　邓弟蛟　李文洁　曾浩月

摄影： 何光涛　李　珊　邓弟蛟　李文洁　曾浩月

统稿／修改／定稿： 何光涛

中国戏剧出版社

CHINA THEATRE PRESS

图书在版编目（CIP）数据

被冷落和损害的戏楼 ：四川古戏楼掠影 / 何光涛 等著.
— 北京 ：中国戏剧出版社，2018.8
ISBN 978-7-104-04692-9

Ⅰ．①被… Ⅱ．①何… Ⅲ．①剧场－古建筑－介绍－
四川 Ⅳ．①TU242.2

中国版本图书馆CIP数据核字(2018)第170069号

被冷落和损害的戏楼：四川古戏楼掠影

责任编辑：肖　楠
项目统筹：李　静
责任印制：冯志强

出版发行：中国戏剧出版社
出 版 人：樊国宾
社　　址：北京市西城区天宁寺前街2号国家音乐产业基地L座
邮　　编：100055
网　　址：www.theatrebook.cn
电　　话：010-63385980（总编室）
传　　真：010-63383910（发行部）

读者服务：010-63381560
邮购地址：北京市西城区天宁寺前街2号国家音乐产业基地L座

印　　刷：北京顶佳世纪印刷有限公司
开　　本：787mm×1092mm　1/16
印　　张：14.5
字　　数：230千字
版　　次：2018年8月　北京第1版第1次印刷
书　　号：ISBN 978-7-104-04692-9
定　　价：108.00元

前 言

四川戏曲历史悠久，留下了众多的文物遗产。按照形态的不同，这些戏曲文物可分为戏楼①、雕塑、碑刻、戏画、抄刻本、舞台题记、服饰道具以及其他等几大类。其中被视为"固态的戏剧文化"的戏楼最为重要，它们具有丰富的历史文化价值，不仅可以帮助我们认识戏曲艺术演进的轨迹、观演场所发展的情形，而且可以帮助我们了解古代丰富多样的宗教习俗、戏曲民俗乃至深厚的民族情感和民族精神。

遗憾的是，学术界对四川古戏楼的调查研究比较薄弱。据笔者所知，在20世纪80年代之前，没有人对它们做过全面的调查研究，仅有少量刊物和著作零星地提及。80年代后，调查研究有所发展，但也不够全面和深入。以2007年4月至2011年12月进行的全国第三次文物普查为例，四川共登记包括戏楼在内的不可移动文物65231处，但对戏楼的登记遗漏甚多，如笔者通过调查研究发现仅宜宾市就遗漏至少9座；并且这些普查大多未详细地拍摄图片，数据测量与文字描绘亦非常简略。四川各级文化艺术部门的调查研究工作也比较薄弱，到目前为止还没有系统全面地展开相关工作。官方编撰的相关志书对它们虽有所统计，但也很不完整，如《中国戏曲志·四川卷》仅介绍了27座民国之前的戏楼，显然非常不全。据笔者初步考察，一个县的戏楼通常都不止这个数目。综上，对四川戏楼的全面调查工作还做得很不够。至于对它们的专门研究，就更为薄弱，到目前为止还没有专著出现，论文也仅有杜建华、何青城、陈永乐、邓位、肖晓丽、张先念等学者为数不多的几篇。其他性质的论著虽偶有提及，但也往往只是胪列具有代表性的戏楼，并且内

---

① 对于古代演剧场所，四川一般有两种称谓：有上下两层的称"楼"（如戏楼、乐楼、献技楼等），只有一层的称"台"（如万年台、戏台、歌台、庙台等）。本书所著录的演剧场所绝大多数是戏楼，为了叙述方便，本篇前言和本书的书名统一使用"戏楼"这一称谓，而在正文中则视具体情况而定。

容多有重复。

深入而全面的研究有赖于研究对象的明确和资料的完备，全面普查并撰写相关志书是忠实记载历史、再现历史并传之久远的有效方式，必将深入推进相关研究。另外，古戏楼的保存现状令人担忧，许多戏楼因得不到重视和保护，每年都在毁坏和减少。调查研究的工作一方面有利于加强有关部门及民众的保护意识，促进相应保护措施的实施；另一方面，戏楼所附着的雕塑、碑刻、戏画、舞台题记等容易消失的文物资料可以作为重要的文化信息保存下来；第三，可以进一步推动戏曲事业的繁荣和文化产业的发展。

2012年11月，笔者有幸进入山西师范大学戏曲文物研究所博士后流动站学习，在导师车文明先生的精心指导下，展开了对四川古戏楼的调查研究工作。学术界一般认为戏曲形成于宋代，本次调查研究为了比较全面地、历史地考察四川戏曲艺术孕育、形成和发展的历史进程，对宋前戏曲孕育时期用于说唱、杂技表演或其他作用的演出场所（如"歌台""舞亭""勾栏"等）也进行了调查研究；研究下限时间至新中国成立前。

四川省有21个市（州），183个县（市、区）。鉴于普查范围辽阔、任务量大，笔者采取的调查方法是：一，先做出要调查的戏楼目录。笔者首先利用各种资源详细查阅志书、论著、报刊等相关资料；其次联系各个市县的相关单位和亲朋好友，争取其帮助，尽可能地丰富戏楼目录。二，根据戏楼目录，实地考察。因个人力量有限，因此邀请学生李文洁、邓弟蛟、李珊和曾浩月，对他们进行培训，提供差旅经费，请他们帮助考察。

经过近三年的努力，笔者和学生实地走访了除甘孜州、阿坝州、凉山州之外的绝大部分市、县、区，共实地考察了现存的234个古戏楼（不含仿古戏楼），测量了相关数据，拍摄了大量的照片。另外通过查阅文献，又查到了一千余个古戏楼，并抄录、整理了近四百个戏楼的相关资料。本次调查研究的全部成果，于2015年7月作为笔者的博士后出站报告予以提交，得到了评议委员会全部专家的高度评价，并被评为优秀出站报告。导师车文明先生评价说："该出站报告是首次对戏曲大省四川省古戏楼一次全方位、整体性、拉网式的调查，可谓'大成'，其学术价值不言而喻。"

自出站以来，已经三年过去，报告中很多保存完整、装饰精美的戏楼的图文资料已被不同形式地公布，并引起了一定的反响。这固然是一件好事，但笔者一直在思考那些被冷落和损害的戏楼，它们有的无人看管，已经坍塌；有的长期锁闭，灰尘满地；有的被改建成娱乐休闲室，成为打牌、喝茶的场所；有的被改建成居民住所，堆满家具或杂物……清代孔尚任《桃花扇》云："眼看他起朱楼，眼看他宴宾客，眼看他楼塌了。"在历史的长河中，不知有多少楼阁亭台塌了，这本是历史的必然规律，似不必过于哀伤。只不过当亲眼目睹那些"曾为歌舞场"的戏楼正在被冷落、损害甚至摧毁，还是倍感难受。笔者认为，相比那些保护完好的戏楼，它们更应引起我们的关注，因为它们更能让我们反思对待文化遗产的态度，并进而深思一切文化艺术的历史命运。有鉴于此，本书挑选这类戏楼进行展示，旨在引起读者的思考。（何光涛）

撰写体例

1. 目录编排：根据 2016 年四川省行政区划排序，按照市（地级行政区）→县、市、区（县级行政区）排列。地级行政区除省会成都之外，其他均按音序顺序排列。

2. 名称：一般采用"市 + 县（市、区）+ 镇（乡）+ 村 + 戏楼 / 戏台"。若戏楼在镇、乡的街道上，不标明街道名字。若戏楼在某个山上，而山又不属于某个具体的乡镇，则只标明山名。

3. 照片内容：戏楼（台）或共存建筑的正面、侧面、背面或局部，并在每张照片下面注明名称。

4. 文字内容：戏楼（台）或共存建筑的详细地址，始建、重建或培修的时间，样式（外观式样、间数）、内部结构、规格（面宽、进深），现状，文物保护单位级别等。

目　录

南充市

自贡市

资阳市

戏楼掠影

成都市龙泉驿区洛带镇川北会馆戏楼

戏楼现位于成都市龙泉驿区洛带镇川北会馆内。会馆建于清同治年间（1862—1874），由由川北籍商人和士绅等集资而建，为酬神祭祀、聚会议事、接待同乡和进行商务活动的场所。会馆原位于成都市卧龙桥街，后因城市建设需要于 2000 年 5 月迁至洛带镇。会馆坐西向东，沿东西中轴线依次增高为山门、戏楼、献殿和正殿，两侧为厢房。现除厢房外其他建筑皆存。1981 年 4 月公布为成都市文物保护单位，2000 年 12 月公布为四川省重点文物保护单位，2006 年 5 月公布为全国重点文物保护单位。现戏楼多处破损，已成危楼。

戏楼正面

戏台前台

山门为卷棚顶，砖石结构，两侧有封火墙，开三门，大门上方石刻横匾，阴刻"川北会馆"四字，现仅开南侧小门。山门前有空坝，两侧有石踏道可上下山门。

戏楼坐东向西，重檐歇山顶，上覆筒瓦，翼角飞翘，正脊中间置放宝塔，两侧有鸱吻。山门戏楼，三面观，分三层，底层为通道，二层为表演区，三层现已封闭，无法进入。戏台前台凸出，整体呈"品"字形。前台面阔三间 6.39 米，其中明间 4.47 米，明间进深 5.57 米。台中以隔断区分前后台，隔断两侧有上下场门，门宽 0.67 米，高 2.18 米。台口有护栏，其中正面栏杆高 0.58 米，侧面栏杆高 0.84 米，栏板上有鎏金花草雕刻。戏台顶上施方格天花。檐柱间有雀替，额枋上有龙纹雕刻。后台面阔五间 11.37 米，进深 3.15 米，两稍间前出廊，廊深 1.53 米。底层通道高 2.22 米，二层明间柱高 3.10 米。底层圆木通柱 4 根直达二层檐枋，柱础高 0.27 米。戏楼基高 0.12 米。戏楼北下侧有 13 级木踏道可至戏台，踏道宽 0.85 米。

戏楼对面为献殿，看坝两侧有 20 级石踏道可至献殿。献殿为硬山顶，五开间，明间稍宽，保存较好。

成都市邛崃市回龙镇万年台

　　万年台位于成都市邛崃市回龙镇横街。万年台始建于明代，后毁于兵燹和洪水；清道光二十九年（1849）重建，同治元年（1862）落成[①]。1982 年被公布为邛崃市文物保护单位。1995 年进行过较大规模的培修。现戏台多处破损，前后台摆满杂物。

　　万年台坐东南向西北，系穿斗抬梁混合式的石木建筑。单檐歇山顶，檐角高翘，屋顶正脊中部置宝鼎形脊刹，脊刹上系"八"字形铁链于小青瓦屋面。脊两边有祥

万年台正侧面

龙瑞云，两端置鸱吻。垂脊上饰《三跑山》和《红梅阁》戏曲人物灰雕。檐口饰瓦当、滴水。戏台为三面观，分上下两层，下层现已被封闭。戏台通面

---

　　① 戏楼脊枋题记："大清同治元年岁次壬戌闰捌月初六日吉　正六品军功曾学孔、杨盛永、陈天玺重建。"

阔 8.60 米作三开间，其中明间 4.72 米。通进深 8.51 米，其中前台进深 4.77 米。台中有木板隔断区分前后台，隔断上正中有"万年台"三个大字，字下为《台志铭》及 1995 年培修戏楼时集资修复万年台的筹委会名单。隔断两侧有对联"九曲八音成佳韵，友纳三才生和风"，横批为"雅奏清音"。隔断两侧有上下场门，门高 2.70 米，宽 1.23 米，门上均有匾额，其中进场门为"林莺舞曲"，出场门为"凤穴歌声"。隔断后壁有老照片 5 张，其中一张有题记"修复万年台竣工合影 95.6.26"。戏台前台顶部施天花，天花上有一八卦图。戏台两侧有吴王靠，高 0.81 米。地面至脊檩高 7.50 米，其中台口高 3.00 米，下层高 1.59 米。前檐四柱为圆木通柱造，角柱高 5.54 米。四柱外设斜撑，承挑檐枋。四柱间设枋，枋下有雀替。

万年台两侧各有耳房一间，单檐歇山顶，穿斗式梁架，面阔均为 3.53 米，进深均为 4.00 米。前有廊，廊深 0.81 米，与前台相通。廊前有吴王靠，高 0.81 米。角柱为圆木通柱造，通高 5.00 米，外设斜撑，承垂花柱与挑檐枋。左耳房下开门一扇，门内有 12 级石踏道可达戏台后台。耳房内缩，使戏台整体呈"品"字形。

戏台后台

成都市邛崃市平乐镇台子坝古戏楼

戏楼位于邛崃市平乐镇台子坝古街。戏楼建于清代，但破坏严重，两侧墙壁破损，后壁已拆，台上间壁均不存。今人在台中安装有聚光灯等现代设备，更使其显得不伦不类。

戏楼正面

戏楼坐南朝北，单檐歇山顶，筒瓦覆顶，檐口置瓦当、滴水。抬梁式梁架。过路台，三面观，分上下层。戏台通面阔 8.50 米作三开间，其中明间 5 米；通进深 7.00 米。区分前后台的隔断以及两侧的上下场门均已被拆。戏楼顶部施天花。角柱外出斜撑，与从角部伸出之角枋承垂花柱及挑檐枋。老角梁出龙头，仔角梁飞翘。挑檐枋下出垂花柱，柱间有雀替。前檐四柱为圆木通柱，角柱高 7.10 米，其中下层柱高 2.20 米。柱间设枋，枋下有挂落。现两平柱上有楹联"古镇展华章十丈平台天地广"、"蜀风传雅韵千秋乐土凤凰鸣"，横批"钟鼓乐之"。戏楼下层用门封闭，用作平乐古镇景点观光车游客接待中心。下层东侧里面有木踏道可达戏台。

成都市简阳市涌泉镇涌泉寺戏楼

戏楼位于成都市简阳市涌泉镇老街的涌泉寺内。涌泉寺始建于唐，清光绪十七年至十九年（1891—1893）在涌泉寺的基础上进行补建和扩建，更名为"川黔宫"。"川黔宫"后来不时遭到破坏，2005 年群众自发集资对其进行修复，简阳市宗教局将其命名为"简阳市涌泉寺"。[①] 现涌泉寺坐东南向西北，依地势而建，由东北向西南逐渐升高，呈三级阶梯状分布：山门、戏楼（含耳房）和前四间厢房（含钟鼓楼）位于地势最低的第一级阶梯，后四间厢房位于地势较高的第二级阶梯，正殿及两侧的配殿位于地势最高的第三级阶梯，整体呈四合院布局。戏楼修建时间因文献阙载，难以确定，但从寺庙补建和扩建时间可推知建于清代。

现存山门被改建成砖石结构的方门，门上悬挂横匾"涌泉寺"。戏楼坐西北向东南，位于山门背面，单檐歇山顶，收山明显，小青瓦屋面。前檐饰瓦当、滴水，现已大半脱落。穿斗抬梁混合式梁架。过路台，分上下两层，上为戏台，下为通道。戏楼现破坏严重，戏台台板已被拆毁，拆毁时间及原因不详。戏台通面阔 8.23 米作三开间，其中明间 4.53 米，次间已被封闭；通进深 6.75 米，前台进深 4.50 米。戏台分隔前后台的隔断上方的花板依然存在，共三块。前檐四柱为圆木通柱造，平柱通高 7.20 米。挑檐檩出垂柱四根，角柱外出角枋，插入垂柱之中。仔角梁飞翘。地面至脊檩高 9.03 米。戏楼下层现仅明间作通道，两次间被封闭。戏楼左右各有转角耳房三间，其中一间紧靠戏楼，两间与戏楼呈垂直状。

与耳房相接的两侧厢房各四间，分上下两层，其中靠耳房方向的第二间

---

① 蒋向东：《涌泉镇和川黔宫》，载《简州岁华纪丽》，中国文联出版社 2008 年 10 月版，第127-129 页。

戏楼正面

厢房及钟楼

向前突出 1.84 米，分别为钟楼和鼓楼（左边为钟楼，右边为鼓楼）。钟鼓楼单檐歇山顶，飞檐高翘，面阔 5 米，两角柱为圆木通柱造，高 5.43 米，其中下层柱高 1.83 米，柱础高 0.60 米；上层有栏板栏杆，亦可作观剧场所。钟鼓楼之外的三间厢房面阔均为 4.70 米，进深 6 米，地面至脊檩 6.58 米。由戏楼前空坝经 13 级石踏道可至第二级阶梯，第二级阶梯两侧各有四间厢房，仅一层，通面阔 12.53 米，进深 6 米，檐柱高 2.48 米。厢房与戏楼本有精美的戏曲故事雕刻，"雕刻通为精湛人形：《文武战场》《八仙过海》《帝王出巡》《民间风情》等，全为硬木高精技术雕刻，人物造型表情各异，战车马匹栩栩如生"①，但现均不存在。

第二级阶梯至第三级阶梯有 7 级石踏道。第三级阶梯为涌泉寺的正殿大雄宝殿，悬山顶，小青瓦屋面，素面台基，基高 0.80 米，通面阔 23.32 米作五开间，进深 13 米，顶部施天花，地面至天花高 4.20 米。六根檐柱均高 4.52 米，柱础高 0.50 米。殿前有五级石踏道。配殿为悬山顶，基高 0.68 米，面阔 4.10 米，进深 6.60 米，顶部施天花，地面至天花高 3.45 米。

---

① 蒋向东：《涌泉镇和川黔宫》，载《简州岁华纪丽》，中国文联出版社 2008 年 10 月版，第 128 页。

巴中市巴州区平梁镇阳岭村陈氏兰公祠堂戏楼

　　戏楼位于巴中市巴州区平梁镇阳岭村1组的陈氏兰公祠堂内。祠堂始建于清代，近年有所培修。祠堂沿中轴线依次排列分布为山门、戏楼和正堂，两侧施厢房，呈四合院布局。80年代曾做过幼儿园、小学用房。1997年、2012年陈氏后人两次捐资进行大整修。但祠堂因地处偏僻，很少被利用，也缺乏定期维护，因此长期被锁闭，显得冷清。

　　山门高2.92米，宽1.58米，门外有五级石踏跺，宽6.00米，高1.20米

戏楼正面

左右。戏楼背靠山门，为过路台，单檐歇山顶，小青瓦屋面，穿斗抬梁混合式梁架。三面观，分上下层，上为戏台，下为通道。基高0.25米。戏台面阔5.38米作一开间，通进深5.91米，其中前台进深4.24米。台中以隔断分隔前后台，隔断左右两侧有上下场门。上下场门比正中隔断前靠0.85米，使后台呈"凹"字形。前台顶部施天花板9块，现存8块。天花板上原有彩绘，由于年代久远已迷糊不清，后在上书"全心全意为人民服务"几字。戏台前台贴有20世纪80年代在此办学的小学获得的许多奖状。台面至天花板高3.35米。台沿上有雕花板，上原雕有图案，现模糊不清。台沿和雕花板共宽0.63米。前檐下有白色方板遮隔檐顶，形成天花，上有彩绘，但已被刮落。檐枋上有云纹彩绘，现已模糊。老角梁下出垂柱，子角梁飞翘。前檐角柱为圆木通柱造，高5.32米，其中下高1.44米，柱周长1.05米，柱础0.44米。戏楼下层亦为一开间，高2.31米，前有石踏道可上看坝。

戏台左右有转角耳房四间，分上下层。与戏台同一方向的两间通面阔均为5.20米，进深2.71米。与戏楼垂直方向的两间通面阔4.55米作两开间，进深3.75米。耳房前有廊，廊深0.70米，设栏杆，栏高0.72米，与戏台前台

祠堂山门

戏楼后台

相连。右侧耳房与厢房相连处有 5 级木踏道可由耳房至戏台，踏道宽 0.67 米，高 1.40 米。

戏楼两侧各有厢房三间，硬山顶，小青瓦屋面，木结构，现被居民堆放杂物。正殿与戏楼隔院坝相对，面阔三间，明间出抱厦，左右两侧与厢房相连。正堂檐柱现仍留存"解放人民……"等字迹，抱厦额枋上现留存"共产党万岁"五个红色大字。

巴中市通江县板桥口镇二郎庙戏楼

　　戏楼位于巴中市通江县板桥口镇二郎庙街的二郎庙内。二郎庙修建于明正统元年（1436），历时三年，于正统三年（1438）完工。据说明正统元年，板桥古镇突遭山洪灾害，民间认为灾难是因"蛟走龟离"而导致的，地方乡绅们提议"镇龟锁蛟，须建大庙"，于是修建此庙。二郎庙初建规模宏大，分山门、正殿和后殿（为文昌宫），山门和正殿两侧为厢房。后二郎庙历经数次破坏和数次培修，但最终后殿仍然无存。2012 年 7 月正殿亦因年代久远垮塌

戏楼正面

于暴雨中，通江县和板桥镇两级政府立即组织抢救性维修。维修后的二郎庙坐西南朝东北，沿中轴线依次排列为山门、戏楼和正殿（新修），两侧为厢房，呈四合院布局。二郎庙现为市、县重点文物保护单位，其厢房现作为二郎庙管理委员会、板桥镇文化站的办公地点，而戏楼则很少被使用，也缺乏精心维护。

戏楼为山门戏楼，维修之前的原貌，张孝忠《重修"二郎庙"记》有载：

> 前殿分为上下两层：底层由六根一米见方的巨型石柱做支撑，石柱上刻有工整的铭文和历史碑志，中间是人行通道，两边是小天井，放生水缸。上层是戏楼，舞台面积为四十八平方米；台前左右两根朱红圆柱，柱上金龙缠绕，昂首相望，名曰："滚龙抱柱"，台沿前板绘有山水、人物、飞禽、走兽共十八幅精美浮雕，甚为壮观；戏台两侧装有圆形坐板，供乐师吹打弹奏；台后正中板壁上绘有唐人郭子仪《御甲封侯》图，图上方书"敷演忠孝"四个鎏金大字；戏台后壁左右各有一道小门，由小门进去便是后台更衣换装室；台中顶部呈伞状八卦形，上小下大，通高两米，称"八卦金顶"；戏台房顶四角高翘，各系铜铃一对，迎风摆动，叮当作响。①

笔者于2014年5月前往实地考察。戏楼坐东北朝西南，与山门相背而立，单檐歇山顶，小青瓦屋面，穿斗抬梁混合式梁架。过路台，三面观，分上下两层，上为戏台，下为通道。戏台省平柱呈一间之势，面阔6.15米作一开间，通进深6.10米，其中前台进深4.30米。台口高4.23米。台中以隔断分隔前后台，两侧有上下场门。门两侧略微向前靠，使后台呈"凹"字形。隔断上有花板，原有彩绘，但现已模糊不清。顶上施天花，中间为斗八藻井。台沿雕花板上雕有人物故事图案，但损坏严重。檐下有方板遮隔檐顶，现已脱落一块。方板上彩绘有人物故事图案，也模糊不清。前檐角柱为圆木通柱造，通高6.65米，其中下柱高1.84米，柱础0.58米，柱周长1.27米。戏楼基高0.27米。角柱与平柱内移位置所出的垂柱之间插枋。角柱外出角枋，雕刻成龙首形状。两角柱现挂张忠孝撰写的木质竖匾对联"敲锣打鼓点破世上兴衰，涂脂抹粉描尽人间冷暖"。戏楼右侧有8级木踏道可上下戏楼，踏道宽1.00米左右。戏楼

---

① 此碑立于新修正殿前方院坝内，刊于2013年中秋。

戏楼和耳房连接处

左右有耳房一间，与戏台后台相通，面阔均为 2.64 米，进深均为 4.20 米。耳房前有廊，设栏杆，栏杆高 0.83 米，与戏台前台相连。其中左侧耳房走廊原与左厢房相连，现被厢房栏杆割断。

戏楼两侧各有二层厢房，硬山顶，上覆小青瓦，通面阔均为 16.69 米作五开间。厢房靠近正殿处有踏道与正殿相连。正殿为硬山顶，上覆小青瓦，面阔三间，左右各有耳房一间。

巴中市通江县火炬镇火花村穿云洞戏楼

戏楼位于巴中市通江县火炬镇大兴乡火花村1组的穿云洞下，是穿云洞庙宇的附属建筑。穿云洞为天然石洞，穿山而过。洞前有小潭，名叫"养生潭"。潭上有桥相连，桥名"蟠龙桥"。穿云洞在过去不仅是当地人前往县城的必经之地，也是往来行人避雨遮阳、停歇之所。后来当地人逐渐在穿云洞修建庙宇和戏楼。关于穿云洞，据传早在"明代，此洞为'穿心洞'。乾隆丙戌年（1776），河南商河县知县朱昱在东洞口的绝壁上题'穿云洞'，后便以'穿云洞'相称"[1]。《通江县志》载："'犀牛背'山蜿蜒南下，至此成一形似牛嘴的山脊由北向南伸入曲水。洞自西向东横穿'牛嘴'中部，古时为县西北去巴州、县西南上长安的必经之道。洞高3~5米，宽10~20米，长25米左右。洞道东西两端有石门，为之锁钥，中建观音古刹。东端洞口峭壁上有清邑令王宣缓书刻的'宇宙奇观'四个大字；西端洞口，有亭阁式戏楼，洞口石质门柱上刻有咏洞名联。"[2]

穿云洞庙宇和戏楼具体修建时间不详。因年代久远，"文革"时清除"四旧"，庙宇和戏楼均遭到严重破坏；又因现代交通逐渐发达，过往行人稀少，这里更加破败。现戏楼仅存残架，庙宇仅存颓墙。

笔者于2014年5月前往考察，根据戏楼残架以及当地人的描述，测得部分数据。戏楼依地势而建，坐东北向西南。戏台的后台建于潭岸上，前台前伸至小潭上，但现在潭中无戏台存在痕迹，现存柱子应为后台柱子。据现存遗迹可判断戏台为穿斗抬梁式梁架，台口高约3.20米，后台进深5.20米。现

---

① 李秀东：《神奇的"穿云洞"》，http://www.bznews.org/wenhua/201807/304209.html. 2018年9月15日。按：乾隆丙戌年为1766年，而1776为乾隆丙申年，该文所指不详。关于朱昱题"穿云洞"究竟在何年，有待博考。

② 任祥祯主编：《通江县志》，四川人民出版社1998年8月版，第808页。

庙宇外墙彩绘

戏台后台

存后檐柱高约 5.71 米，柱周长 0.66 米。其随梁枋上墨书有戏楼修建者、戏曲演出组织者的名单。隔断仅剩左右两柱，其距离约为 3.25 米，左右两侧上下场门高 1.54 米，宽 0.68 米。后台之后为庙宇，有墙与之相隔。寺庙的外墙上有三幅彩绘，现仅存一幅，长 0.81 米，宽 1.04 米。庙宇内供奉菩萨，现已不存。戏台右侧有神龛，供奉鲁班神像，有墙与戏台相隔。

戏台右侧为穿山通道，与蟠龙桥相连。蟠龙桥入穿云洞处左右现存有方形石柱，柱上刻有朱昱撰写的对联："洞古穿云，一枝杨柳洒甘露，非南海即南海，观此地凤鸣虎穴，慈云瑞霭，青云得路"、"潭深曲水，数丈长虹度众生，不西湖却西湖，冀他年鱼跳龙门，河水清涟，泮水登科"。

巴中市南江县八庙镇八庙戏楼

该戏楼位于南江县八庙镇古楼街，正对镇政府大楼。戏楼始建于民国七年（1918）①，其两侧原有厢房，现已拆毁。笔者于2014年5月前往考察，发现戏楼正在被装修，里外被涂上红漆，内部部分建筑被改建。据装修人员讲述，戏楼装修后将作为茶馆开放。另外，戏楼周围亦正在修建房屋，戏楼的空间被严重挤压。

戏楼坐南向北，单檐歇山顶，檐角起翘，筒瓦屋面，饰瓦当和滴水。正脊正中塑香炉，两侧有鸱吻，脊身上雕有双龙戏珠图案。垂脊前端塑有套兽。垂脊和戗脊上有戏曲故事雕刻，但被破坏殆尽。戏楼系穿斗抬梁混合式梁架，过路台，三面观，分上下两层，上为戏台，下为通道。基高0.19

戏楼正面

戏楼背侧面

米。戏台省去平柱呈一间之势，面阔 6.60 米，通进深 7.02 米，其中前台进深 4.52 米。台中以隔断区分前后台，隔断上绘有《海上日出》图，长 3.18 米，高 3.69 米，隔断下现放有"八庙戏楼"横匾一块。隔断左右有上下场门，上下场门向前凸 0.73 米，使后台呈"凹"字形。门两侧有人物彩绘两幅。戏台前台顶部施天花，中间位藻井。台面至藻井顶部高 3.52 米，其中台口高 3.02 米。藻井左侧梁上书"民国柒年岁在戊午春三月十五日木匠李成章立"，右侧梁上有张文斌、赵中信、陈玉卿等建造者的名单。戏楼脊檩正中书"紫微高照"四字，左侧有"皇图巩固"四字。台沿上有雕花板，宽 0.57 米，上有 9 幅彩绘，除花鸟图案外，还有《三顾茅庐》《八仙过海》《姜太公钓鱼》和《岳母刺字》四折折子戏的故事场景。角柱与金柱间以角枋相连，角枋上置垂柱承老角梁，垂柱间以额枋相连。前檐下方板遮隔檐顶，成天花，方板上彩绘《白蛇传》中《下凡》《断桥》《盗草》《惊变》《姻缘》《游湖借伞》和《水斗》等 7 幅故事场景。戏楼前台下层作三开间，其中明间面阔 3.17 米。戏楼角柱为圆木通柱造，高 5.52 米，其中下柱高 2.00 米，柱础 0.47 米。下层原为通道，但现在前后均封墙设门窗作房间使用，仅明间正面开门。戏台左右有耳房一间，单檐歇山顶，面阔均为 3.44 米，进深 3.44 米，与戏台后台完全相通，正面封闭仅开三窗。

戏楼右侧有近代所刻石碑一通，碑基石高 0.12 米，长 0.80 米，宽 0.52 米；碑高 1.46 米，长 0.55 米，厚 0.39 米，碑侧面及背面刻有捐建者名单，碑正面刻《古楼新生》，记载了戏楼的修建历史。

巴中市南江县红光乡禹王宫戏楼

戏楼位于巴中市南江县红光乡红光小学内，为禹王宫附属建筑。禹王宫建于清嘉庆年间，坐北向南，沿中轴线依次增高为山门、戏楼和正殿，两侧为厢房，整体呈四合院布局。禹王宫历经数次天灾，加之"文革"破坏，现仅存山门、戏楼和厢房。2000 年前曾作为当地小学用房，现已作为危楼被封闭。

禹王宫山门为砖石结构的牌坊式建筑，三楼四柱三间，仅明楼开门。戏楼坐南向北，背靠山门，单檐歇山顶，小青瓦屋面，檐角高翘，前饰有瓦当和滴水。各条脊上的雕饰现已破坏殆尽。戏楼系穿斗抬梁混合式梁架，过路台，

戏楼正面

戏台内部

　　三面观，分上下两层，上为戏台，下为通道。戏楼基高 0.29 米，楼前有石踏道通往看坝，看坝内现杂草丛生。戏台面阔 7.46 米作一开间，通进深 8.33 米，其中前台进深 5.01 米。台面至脊檩距离约 7.96 米，其中台口高 4.47 米。因禹王宫曾作为学校用房，故台口被木板封闭作教室，仅设玻璃窗，现戏台内杂乱地堆放着破桌烂椅。台上有隔断分隔前后台，隔断高 3.79 米，左右有上下场门。上下场门比隔断前靠 1.06 米，使后台呈"凹"字形，现上下场门以板封闭。戏台顶部有天花板，上有彩绘，但由于年代久远，彩绘已无模糊不清。台沿上饰有雕花板，雕花板上原有戏曲人物雕刻，但毁于"文革"期间。戏楼角柱为圆木通柱造，高 6.75 米，柱础 0.41 米。角柱上设斜撑承角枋，角枋上置垂柱，垂柱间以额枋相连。垂柱上再置斜撑承撩檐檩，撩檐檩两端饰垂柱。撩檐檩及前檐额枋上均饰垂柱，置吊瓜，两侧施雀替。三层斜撑均有镂空人物雕塑，但多已毁坏。戏台下层通面阔 7.46 米作三开间，其中明间 3.94 米，现明间为通道，两次间被封闭作为房间使用。戏台左右各有耳房一间，面阔均为 4.62 米，进深均为 3.21 米。耳房前有廊，廊深 0.78 米，设栏杆，高 0.87 米，与厢房相连。

　　戏楼两侧有厢房，亦作看楼使用，悬山顶，小青瓦屋面，分上下层，通面阔均为 13.91 米作三开间，明间略微向前凸出 0.33 米。厢房前均设廊，上层廊前有栏杆，高 0.87 米。厢房两次间进深 5.04 米，廊深 0.78 米。明间进深 5.37 米，廊深 1.11 米，廊前栏杆下有两层雕花板，共宽 0.53 米，上雕有戏曲人物故事。厢房檐柱皆外出斜撑，上镂空雕刻有人物，但大都已被破坏。明间廊柱为圆木通柱造，通高 5.36 米，其中下高 2.23 米，柱础 0.33 米，柱周长 0.86 米。廊柱与檐檩所出的垂柱之间有枋，枋上亦有人物故事雕刻。现左侧厢房底层有门通往禹王宫外，门楣上残存戏曲人物雕刻。

巴中市南江县正直镇龙潭村何氏祠堂戏楼

　　戏楼位于巴中市南江县正直镇龙潭村 3 组的何氏祠堂内。宗祠建于清乾隆四十五年（1780），后又于嘉庆、道光、光绪、民国年间续建，增补画粉。宗祠坐东南向西北，在中轴线上依次排列为山门、戏楼和正堂，两侧为厢房，整体呈四合院布局。"文革"期间其正堂全部被拆，戏楼和厢房均遭到严重破坏。后经过多次维修，1995 年被公布为南江县文物保护单位。2008 年汶川大地震中宗祠又遭到破损，2013 年何氏族人捐资进行维修。但宗祠因地处偏僻，山路难行，故很难得到有效利用。现宗祠长期被锁，相当冷清。

　　山门为砖石结构的牌楼式建筑，六柱五间五楼。明楼为庑殿顶，檐角起翘，

戏楼正面

祠堂侧面（远景）

正中施脊刹，两侧有鸱吻，檐下用两层斗拱出檐，再下方为花纹雕刻，额枋间题版正中嵌入石刻竖匾，上书"何氏宗祠"四字。明间辟双扇木质将军大门，高 1.77 米，宽 0.67 米，两侧石刻对联为"文派衍庐江，先灵功德昭著"、"诗礼绍东海，后世衣冠显荣"。大门上方及左右分别出双层眉毛厦。大门上方眉毛厦间有四个雕花石刻，下层眉毛厦与刻有花纹的小额枋间挂横匾，上刻"觇光扬烈"四字，横匾两侧刻立两童子。左右两眉毛厦间有两块石刻花板，额枋上刻有人物战场图案，额枋下辟有假门，上分别刻有天官。假门上石刻楹联，为"身所自出为宗，大宗小宗恩隆一本"、"神之式凭曰庙，昭庙穆庙食报千秋"。次间与稍间皆不辟门，其立柱皆隐然砌出。山门前用石栏杆围砌院坝，院坝左右各有石桅杆和大型石狮。

戏楼背靠山门，坐西北向东南，单檐歇山顶，檐角微翘，小青瓦屋面，饰以瓦当和滴水，正脊施脊刹。戏楼系抬梁式梁架结构，过路台，三面观，分上下两层，上为戏楼，下为通道。戏楼基高 0.39 米，地面至脊檩距离约 8.54 米，台口高 4.25 米。戏台移柱造，通面阔 6.34 米作三开间；通进深 7.31 米，其中前台进深 4.65 米。台上有木质隔断分隔前后台，隔断以及上面的花板上

（花板现已不存）皆有人物彩绘，但因时间久远已模糊不清。隔断左右两侧有上下场门。次间隔断比上下场门前靠 0.83 米，使后台呈"凹"字形。次间隔断上辟有耳房与前台相通的门，门上花板亦有人物彩绘，现亦模糊不清。台沿上有雕花板，台沿高 0.27 米。戏楼 12 根柱子皆为圆木通柱造，角柱通高 6.19 米，柱础均为 0.40 米。角柱内出角枋，插入平柱之中。角枋和额枋上皆有彩绘，但已模糊不清。戏楼下层高 2.31 米左右，现内立有近现代碑五通。戏台左右各有耳房一间，与戏台后台相通，面阔均为 5.41 米，进深均为 3.67 米。

戏楼两侧各有厢房 3 间，分上下两层，通面阔 13.87 米，通进深 2.84 米。上层厢房无间壁，与耳房相通。厢房前有雕花栏杆或栏板，栏高 0.87 米，现部分栏板已不存。下层厢房仅左厢房仍存木质间壁，并于正面封墙，设门窗。厢房基高 0.35 米，地面到脊檩距离约 4.55 米。通柱高 4.57 米，其中下柱 1.91 米，柱础高 0.39 米。厢房与正堂相接处有 7 级木踏道，由此可通过厢房上层前往戏台，踏道宽 0.74 米，高 5.18 米。正堂与戏楼隔院坝相对，硬山顶，筒瓦屋面，抬梁式梁架，两侧砌封火墙，面阔五间，明间稍宽，中无间壁。正堂内壁上有人物故事彩绘多幅，正面立有何氏谱历代高曾远祖左昭右穆之神主牌碑及历代何氏族人姓名的石碑，左右两侧有清代石碑数通，记载了宗祠的修建历史、捐款者名单和族规等内容。

巴中市平昌县白衣镇张家坝吴氏府邸戏楼

戏楼位于巴中市平昌县白衣镇张家坝，属于吴氏府邸的附属建筑。吴氏府邸为吴德潇①故居，建于清光绪年间，坐西向东，故而当地人称"西苑"。《平昌县白衣镇文史

戏楼正面

资料》载：吴氏府邸为"三重堂院落式建筑，屋脊龙座，围墙缕花爪角，八字朝门楣匾'报春堂'。内有堂屋、客厅、书斋、戏楼、荷池、花园"②。后吴氏没落，府邸为他人居住，现已荒废，破败不堪。

笔者于 2014 年 5 月前往考察，测得吴氏府邸遗迹的相关数据。戏楼坐西

---

① 吴德潇：《清史稿》卷四百九十五有载："吴德潇，字筱村，四川达县人。性至孝。博极群书，以进士用知县。"（中华书局 1977 年 8 月版，第 13688 页）《平昌县文史资料》第七辑有专文《吴德潇与"百日维新"》，云："吴德潇（1847—1899），字季清，筱村，平昌县白衣庵人。1879 年（清光绪五年己丑）进士。任钱塘、江阴、西安知县。"（平昌县政协学习文史委员会 2006 年 8 月编印，第 227 页）按：清光绪五年干支纪年当为"己卯"，该文误。

② 本书尚未出版，笔者于 2014 年 5 月 16 日拜访巴中市平昌县白衣镇文化站站长熊建安先生，幸得所赠。对此，笔者对熊建安先生表示万分感谢。

戏楼背面

戏台现状

南向东北，悬山顶，小青瓦屋面，穿斗抬梁混合式梁架，分上下两层，现仅剩空架与残破的屋顶。戏楼依地势而建，戏台的后台坐于保坎之上，前台前伸，前台之下的空间为下层。戏台面阔8.20米作三间，通进深12.78米，其中前台进深4.58米。前檐四柱为圆木柱通柱造，约6.58米，柱础0.72米。戏楼檐枋下出垂花柱，现仅存2根。戏楼下层正面左侧有15级石踏跺通往戏台。戏楼曾被人改作住房，住户几经改造，现内部堆满各种杂物，凌乱残破不堪。

张家坝除吴氏府邸外，亦有吴氏族人的宗族祠堂，祠堂内亦有戏楼。笔者于同日前往吴氏宗祠。据悉，吴氏宗祠建于清道光年间，四面以片砖封火墙相围，宗祠曾被改建作粮仓。现吴氏宗祠戏楼已毁，正堂和厢房仅存部分，仍有居民居住其中，进出宗祠仅能通过侧面封火墙的一道小木门。

德阳市广汉市三水镇江西会馆戏楼

　　戏楼位于德阳市广汉市三水镇正街西段 38 号的三水粮站三仓库院内，原是江西会馆的山门戏楼。江西会馆建于清乾隆十四年（1749），坐南朝北，沿中轴线依次排列山门、戏楼和正殿，东西施以厢房，整体呈四合院布局。20 世纪 50 年代会馆被作为粮站使用，戏楼台面被拆除；90 年代正殿和厢房又被拆除，建为粮仓。现存山门、戏楼及两侧耳房。

戏楼正面

山门（戏楼背面）

戏楼雀替

山门为砖石结构的牌楼式建筑，通面阔15.67米，通高5.72米。原为三洞圆弧顶门，中门现已被改建为方形瓷砖大门，上书"三仓库"，门高4.02米，宽3.46米，厚0.66米。两侧圆弧顶门高2.46米，宽1.75米，厚0.34米，门框上有石刻楹联，西门联为"何处觅乡音凭栏高唱西江月""此间为乐土把酒同歌蜀国风"，东门联为"地以仙灵吴猛但凭三府汇""才由时济子安幸顺一帆风"。

戏楼坐南朝北，面对正殿，背靠山门，与山门隔1.27米。单檐歇山顶，筒瓦屋面，施以瓦当和滴水。封闭式山花。穿斗抬梁混合式梁架。过路台。三面观。通面阔三间8.95米，其中明间面阔5.18米；通进深8.44米，其中前台进深5.02米。台板现已拆除，分隔前后台的隔断亦已被拆。地面至正脊檩高8.95米，其中台口高3.21米。前檐四柱为圆木柱通柱造，通高5.43米。角柱上出斜梁，承撩檐檩。老角梁出龙头，仔角梁飞翘。檐下以方条木板遮隔檐顶，成天花。下层两次间加墙改建为小屋形式，右次间外有石梯可至台口。戏楼两侧各有耳房一间，前出廊，廊前施栏杆，与戏台前台相通，是为副台。面阔均为2.41米，进深5.06米，廊深1.24米。左右耳房的两侧角柱有雀替，上有戏曲人物雕刻。老角梁出龙头，设垂花柱。从角部伸出的角枋穿垂花柱。耳房的额枋上亦有花草彩绘。耳房后缩，与戏台整体呈"品"字形。

德阳市广汉市三水镇仁佑宫戏楼

　　戏楼位于德阳市广汉市三水镇正街的三水粮站一仓库院内，原是仁佑宫的山门戏楼。仁佑宫建于清乾隆十八年（1753），坐南朝北，其山门、戏楼、正殿均在同一中轴线上，东西施以厢房，整体呈四合院布局。20世纪50年代仁佑宫被作为粮站使用，戏楼台面被拆除；90年代正殿和厢房又被拆除，建为粮仓。现存山门、戏楼及两侧耳房，戏楼与耳房也仅存屋顶和大木结构。

　　山门为砖砌牌楼式，其上饰灰塑砖雕，通面阔14.39米，通高7.87米。

戏楼正面

山门（戏楼背面）

戏楼檐下方板雕刻

原为三洞圆弧顶门，中门现已被改建为方形瓷砖大门，上书"一仓库"，门宽3.60米，高3.91米，厚0.51米。两侧圆弧顶门宽1.56米，高2.47米，厚0.51米，门框上有石刻楹联，其中西门联为"燮理阴阳良相意""调和气脉上仙功"，东门联为"孝友前生根行远""经文牗世作人多"。

戏楼和上一个戏楼（三仓库院内的江西会馆山门戏楼）形制大致一样。该戏楼坐南朝北，面对正殿，背靠山门，与山门隔1.25米。单檐歇山顶，筒瓦屋面，施以瓦当和滴水。封闭式山花。穿斗抬梁混合式梁架。过路台。三面观。通面阔8.49米，四柱三间，其中明间面阔4.87米；通进深8.76米，其中前台进深4.82米。地面至正脊檩高9.41米，其中台口高3.65米。前檐四柱为圆木柱通柱造，通高4.71米，柱础高0.62米。角柱外出斜梁，插入挑檐枋所出的垂柱之中。斜梁下有雀替。仔角梁飞翘。挑檐枋出垂柱四根。檐下以方板遮隔檐顶，成天花，上有戏曲故事雕刻。戏楼两侧各有耳房一间，面阔均为3.14米，进深3.55米，两侧施封火墙。耳房后缩，与戏楼整体呈"品"字形。

达州市达川区四梯镇四亚村温家祠堂戏楼

戏楼位于达州市达川区四梯镇四亚村 10 组的温家祠堂内。祠堂建于清嘉庆十五年（1810），坐北朝南，南北轴线上依次由大门、戏楼和正堂组成，南北施以厢房，整体呈四合院布局。笔者于 2014 年 5 月前往考察，发现祠堂破损不堪，西厢房被拆毁，正殿濒临坍塌，东厢房内住有居民。

戏楼背靠祠堂大门，坐南朝北，歇山顶，小青瓦屋面，穿斗式梁架，木结构。戏楼系过路台，三面观，分上下两层，上为戏台，下为通道。戏楼基

戏楼正面

东厢房

高 0.31 米，地面至脊檩距离约 8.18 米，其中下高 2.19 米。戏台面阔 6.50 米作一开间，通进深 6.49 米，其中前台进深 3.99 米。台中以隔断分隔前后台，左右两侧有上下场门，两门向前台略凸，使后台呈"凹"字形。戏台正面台沿由 7 块木板连接而成，连接处出垂柱，木板宽 0.52 米，现存 6 块。戏台台口高 3.13 米，现戏楼上层住有居民，台口及两侧面被封闭。戏台前檐角柱为圆木柱通柱造，高约 5.10 米；方形柱础，高 0.49 米。角柱外出角枋，插入挑檐枋所出的垂柱之中。戏楼下层作三开间，其中明间为通道，面阔 3.75 米，两次间现用作柴房。戏台左右各耳房一间，现破坏严重。戏楼前有石踏道通往看坝

戏楼两侧有厢房三间，悬山顶，小青瓦屋面，分上下两层。上层亦作看楼使用，前有栏板栏杆。西厢房现已被拆毁。正堂与戏楼隔院坝相对，悬山式屋顶，面阔 17.89 米作三开间，进深 8.02 米，通高 8.35 米，现东侧间已毁。

达州市宣汉县毛坝镇冒尖村姚氏宗祠戏楼

　　戏楼位于宣汉县毛坝镇冒尖村 2 组的姚氏宗祠内。姚氏宗祠为"湖广填四川"的湖北麻城姚氏家族为祭祀舜帝而建，建于清光绪二十五年（1899）。宗祠坐东南向西北，沿中轴线依次增高排列为山门、戏楼和正堂，两侧为画汝楼和厢房，整体呈四合院布局。1990 年 7 月被公布为县级重点文物保护单位，2002 年 12 月被公布为省级文物保护单位。2004 年姚氏后人捐资进行大整修，并成立宗祠管理委员会。维修后的宗祠虽得到县、市文化部门的重视，有时

祠堂山门及围墙

戏楼正面

也在此举行一些文化活动，但因地处偏僻，并且管理者也未能经常前来看管，因此宗祠长期被锁闭，未能得到妥善保护，如戏楼正脊与屋面均已破损。

山门为牌楼式建筑，五楼六柱五间，砖石结构，庑殿式屋顶，檐下有斗拱。牌楼除正楼下开门外，边楼各开耳门一扇。三门的小额枋和门柱间的雀替上有《十二寡妇征西》等戏曲故事雕刻；正楼、次楼、边楼的檐下和边墙的假檐下共有 11 幅戏曲故事雕塑，如《姜太公钓鱼》《武则天审案》《草船借箭》《七仙女下凡》《截江夺阿斗》等。

戏楼背靠山门，正对正殿，坐西北向东南。单檐歇山顶，小青瓦屋面，檐角飞翘，正脊正中原有椭圆形太极图，太极图上方端坐姜子牙，太极图铁链牵引两只大狮子，顶上支角和屋脊塑有数只和平鸽，现均被毁。脊身上的雕刻亦不存。戏楼系过路台，三面观，分上下两层，上为戏台，下为通道。戏楼基高 0.22 米。地面至脊檩距离约 8.52 米，其中下高 2.46 米。戏楼为抬梁式结构，上层平柱内移，通面阔 6.51 米作三开间，通进深 7.03 米，其中前台进深 4.96 米。台中以木板隔断分隔前后台，隔断上绘有"孔子周游七国"，现已模糊，上贴《梅花报春》画报。明间隔断两侧有上下场门。次间隔断比明间隔断前靠 1.03 米，使后台呈"凹"字形。戏台台口高 4.27 米。台沿两侧有

戏楼正侧面（近景）

花木格栏杆。台沿正面有照面枋，由 5 块雕花板组成，宽 0.56 米，从左至右依次雕刻《岳母刺字》《孟母训子》《完璧归赵》《农间田园》和《庭院生活》。戏台角柱上原有对联"吹打弹奏声声欢"、"说唱演跳场场乐"，横联"乐取于人"挂于额枋下方，现均已不存。角柱内出角枋，插入平柱之中，枋上有浮雕。台口额枋上有彩绘《八仙过海》，现亦不存。戏楼下层通道处有 2 级踏道通往看坝及正殿。戏台左右各耳房一间，与后台相通。

戏楼两侧有画汝楼和厢房，画汝楼两间，与耳房相通。厢房亦作看楼用，通面阔 10.06 米作三开间，进深 3.85 米，硬山顶，小青瓦屋面，分上下层。右厢房前出廊，设栏杆，栏杆高 0.93 米。左厢房前出廊，但廊上设墙封闭正面，仅露窗。左右厢房靠正殿处有五级木踏道，踏道宽 0.77 米。正堂较戏楼、厢房台基高，硬山顶，小青瓦屋面，两侧施封火墙。正堂通面阔 15.86 米作五开间。正堂明间供奉舜帝神像，神像两侧有新刻石碑 9 通，上刻姚氏族系图以及宗祠维修捐款者名单等。正堂柱础高约 0.78 米，分圆形和方形两种，有戏曲人物雕刻。

达州市宣汉县红峰乡千山村庞氏祠堂戏楼

 戏楼位于宣汉县红峰乡千山村1组的庞氏祠堂内。据正殿脊檩题记"龙飞光绪贰拾玖年岁次癸卯全月中浣日穀旦合族建修",可知祠堂建于清光绪二十九年（1903）。祠堂坐东北向西南，沿中轴线依次排列为山门、戏楼和正堂，两侧为厢房，整体呈四合院布局。祠堂"自光绪二十九年（1903）起，就断断绪绪以续续以庞氏宗祠为校址及私塾"①，1987年全国第二次文物普查时

祠堂山门

---

 ① 戏台下石碑《庞家院小学简史》，刊于1990年12月。

祠堂侧面

戏楼正面

发现。2014 年 5 月笔者前往考察时发现整个祠堂缺乏保护，破坏严重。

山门为砖石结构的牌楼式建筑，五楼六柱五间，檐下有斗拱，仅正楼开门，正楼小额枋上有人物故事雕刻，花板上横书"庞家院小学"，题版上阳刻"庞氏宗祠"。

现戏楼仅剩残破的屋顶与几根柱子，故只能根据剩余梁柱的情况测得部分数据。戏楼坐西南向东北，背靠山门，悬山顶，小青瓦屋面，穿斗抬梁混合式梁架。过路台。三面观。分上下层，上为戏台，下为通道。戏台面阔 13.34 米作三开间，通进深 6.70 米，其中前台进深 4.96 米。原戏楼"台沿有深浮雕木刻戏曲人物"①，现已不存。戏楼右侧有 7 级木踏道通往戏台，踏道宽 0.39 米，高 1.79 米，下方四级踏跺已不存。前檐檐柱为圆木通柱造，角柱高 6.03 米。

戏楼两侧原有厢房，"面阔二间 16.1 米，进深 4.0 米"②，现仅剩厢房建筑框架。现戏楼与正堂之间的院坝现杂草丛生。正堂也破败不堪，小青瓦屋面，硬山顶，两侧施封火墙，抬梁式梁架，三开间，残存的神龛基座上有人物雕刻。

---

① 《清代祠堂矗立宣汉红峰乡》，http://dz.newssc.org/shdj/system/2008/12/4/000259125.html. 2018 年 4 月 8 日。

② 《清代祠堂矗立宣汉红峰乡》，http://dz.newssc.org/shdj/system/2008/12/4/000259125.html. 2018 年 4 月 8 日。

达州市渠县汇东乡山清村曾家祠堂戏楼

　　戏楼位于达州市渠县汇东乡山清村 2 社的曾家祠堂内。祠堂原名"武城宗圣祠堂"，据说是被后世称为"宗圣"的曾参后裔迁移渠县后所建。据《曾家祠堂碑记》载："曾氏源于山东武城，曾参后裔迁徙庐陵宁乡祁阳、湖广。明朝初期（1401 年起），我族先祖分批从麻田入川，落业渠县，披荆拓荒，在渠县汇东乡板板桥建宗圣祠，生生不息六百余年。"① 关于祠堂的修建年代，张振等《孔子弟子曾参后裔在渠县汇东建有祠堂》一文载："为尊崇和祭祀祖先，团结和鼓励同族人，曾氏子孙于清嘉庆十一年（1806）组织族系集资修建此祠堂"，"于民国二十六年（1937 年）整修。该祠堂在民国期间，曾被作为

戏楼正面

---

① 该碑刊于 2012 年 4 月 4 日，现立于正堂。

戏楼内部

戏楼台沿雕花板雕刻

学堂使用，二十世纪六七十年代曾作为曾家沟煤矿搬运工人宿舍使用近三十年。"①戏楼的修建年代不详，但据戏楼脊檩题记"大清十六年岁次庚寅合族重修"、"民国拾柒年岁在戊辰阖族复竖"可知，戏楼在光绪十六年（1890）之前就已修建，后于光绪十六年、民国十七年（1928）重修或培修。祠堂坐东向西，由拥壁、正门、戏楼、南北厢房、正堂组成，整体呈四合院布局。现正门前的拥壁及两根石桅杆均已不存。2010年10月祠堂被公布为达州市文物保护单位，2012年进行第五次维修，并成立祠堂理事会。笔者于2014年5月前往考察时发现祠堂无人居住，破烂不堪，杂草丛生。

祠堂正门原有三门，现两侧耳门被封。三门石柱上原均有楹联，但现已斑驳脱离，难以辨认。张振等《孔子弟子曾参后裔在渠县汇东建有祠堂》一文载："中门柱原刻有上联'系出山东济济人文欣蔚起'，下联'支分渠北绵绵瓜瓞庆螽斯'，匾额是'源远流长'。左耳原门刻'十章大学照先哲，一部孝经裕后昆。'右耳门原刻'武城墙屋先生宅，沂水春风狂士家。'"②

戏楼坐西向东，背靠山门，正对正堂。单檐歇山顶，小青瓦屋面，脊饰和雕刻均已被毁。檐角起翘，抬梁式梁架，木石结构。过路台，三面观，分上下两层，尚未戏台，下为通道。戏楼由14根圆石柱支撑，通柱造，平柱内移。平柱通高6.82米，其中下柱高1.85米。戏台面阔7.35米作三开间，其中明间面阔4.59米；通进深10.26米。台口高4.45米。现戏台台板已毁，但照面枋仍存。照面枋宽0.54米，由上下两层雕花板组成，上层雕饰花草图案，下层雕饰人物故事图案，但毁坏严重。戏楼下层作三开间，其中明间为通道，次间正面被封。戏台两侧各有耳房一间，硬山顶，上覆小青瓦，面阔4.96米，与后台相通。

戏楼两侧各有两层厢房，悬山顶，小青瓦屋面，砖石结构。厢房上层亦为看楼，前出廊，廊设栏板栏杆。正堂与戏楼隔院坝相对，院坝现杂草丛生。正堂作五开间，悬山顶，小青瓦屋面，抬梁式构架，砖石结构，现供奉祖先牌位9块。

① 张振、苗冰：《孔子弟子曾参后裔在渠县汇东建有祠堂》，《达州日报》2009年4月27日第03版。

② 张振、苗冰：《孔子弟子曾参后裔在渠县汇东建有祠堂》，《达州日报》2009年4月27日第03版。

广安市广安区井河镇广福村陈家祠堂戏楼

　　戏楼位于广安市广安区井河镇广福村 3 社的陈家祠堂内。陈家祠堂建于清代，坐北朝南，在南北轴线上由山门、戏楼和正厅组成，两侧为厢房，整体呈四合院布局。2011 年陈家祠堂被公布为广安市第三批文物保护单位。祠堂内本有陈氏后裔居住，但现已搬至镇上居住，偶尔回来小住。

　　祠堂山门的檐下悬挂"陈氏宗祠"竖匾，大门上悬挂"永安陈氏"横匾，门联为"千古人间义字香"、"九重天上旌书贵"，横批为"义门世家"。

　　戏楼坐南向北，背作山门，单檐歇山顶，收山明显，小青瓦屋面，正脊上塑有二龙戏珠，戗脊上有鸱吻。抬梁式结构，檐角飞翘。过路台，上下两层，上层为戏台，下层为通道。戏台通面阔 8.38 米作三开间，其中明间 5.03 米。通进深 7.20 米，其中前台进深 4.96 米。台中以隔断分隔前后台（隔断现已被拆），次间隔断比明间隔断向前靠 1.13 米，使后台呈"凹"字形。后台有一木台，长 4.57 米，宽 0.97 米，高 0.71 米，供演员化妆和临时睡觉

祠堂山门正侧面

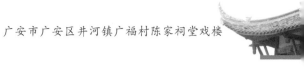

戏楼正面

戏台内部

之用，现仅存框架。戏台正中悬挂"颖川世家"匾额。戏台顶部施天花。台沿正面和侧面有戏曲人物雕刻。正脊枋有题记："中国癸亥岁花月初七日陈氏宗祠建修乐楼两廊。"明间檐枋和次间檐枋均有彩绘，但现模糊不清，难以辨识。角柱斜撑较长，且透雕人物，与从角部伸出之角枋承垂柱和挑檐枋。现左角柱斜撑不存。挑檐枋出垂柱四根，中间两根两侧有雀替。两角柱上有楹联，为"说书唱戏明劝人"、"扮女装男虚情节"；平柱上也有楹联，为"声客笑貌均是事"、"喜怒哀乐皆为情"。台基高 0.3 米。地面至正脊檩高 8.55 米，其中台口高 3.631 米。前檐四柱为圆木通柱造，通高 5.78 米，其中下层通道高 2.55 米，柱础高 0.2 米。现戏楼前后台堆满柴草、秸秆等杂物。戏楼两侧各有耳房四间，其中紧靠戏楼的两间通面阔 11.19 米，进深 3.382 米；前有廊，廊前有栏板栏杆，廊与戏台相通，廊深 1.46 米。与戏楼呈垂直状的两间通面阔 7.16 米，进深 6.24 米，有廊和栏板栏杆，但现在栏杆上砌墙。

两侧厢房分上下两层，通面阔 16.61 米作五开间，上下层进深 6.24 米，其中廊深 1.41 米。上层廊前有栏板栏杆，但现在栏杆上砌墙。廊柱为圆木通柱造，通高 5.48 米。正堂通面阔 23.85 米作五开间，进深 9.51 米，地面至脊檩高 4.2 米。堂前五级石踏道，高 0.792 米。

广元市旺苍县化龙乡石船村3组杜氏宗祠戏楼

　　戏楼位于广元市旺苍县化龙乡石船村 3 组的杜氏宗祠内。杜氏宗祠建于清光绪三十三年（1907）[①]，坐北向南，在南北向中轴线上有山门、戏楼、正堂，两侧为厢房，整体呈四合院布局，保存较为完整。但宗祠因地处偏僻，长年被锁闭，祠内杂草丛生，构件破损剥落，缺乏合理利用和精心看护。

　　山门为重檐歇山顶，小青瓦屋面，檐下悬挂横匾一块，上书"杜氏宗祠"。山门四柱三间，通面阔 5.65 米，其中明间面阔 2.55 米，高 7.19 米。明间辟有

戏楼正面

---

　　① 祠堂正殿随梁枋上有题记："大清光绪三拾叁年岁序丁未仲春月二拾二日巳时建立。"

祠堂山门

大门，门柱上刻有楹联，为"仰望木林窝龙腾虎跃乃京兆呈祥真穴"、"俯首钟嘴祠鸿规巨制则杜氏衍庆圣地"。

戏楼坐南朝北，背靠山门，与正堂相对。屋顶为歇山顶，小青瓦屋面，收山明显，檐角飞翘，封闭式山花，抬梁式梁架。过路台，三面观，上下两层，上层为表演场所，下层为通道。地面至戏楼正脊檩高 9.57 米，其中台口高 3.14 米，下通道高 2.81 米。上层省去平柱呈一间之势，面阔 5.84 米；通进深 6.95 米，其中前台进深 4.62 米。台中以隔断分隔前后台，隔断高 3.52 米，宽 2.62 米。隔断两侧有上下场门，门高 1.97 米，宽 0.84 米。上下场门两侧向前靠 0.83 米，使后台呈"凹"字形。后台未与山门相连，中间隔 1.62 米。戏台顶部施天花，中间为斗八藻井。前台正面和侧面台沿施栏板。角柱为圆木通柱造，中间施额枋，额枋上悬挂"万眼台"匾一块。角柱外出角枋，承外额枋所出的垂柱；内出角枋，插入金柱之中，左右内角枋上各悬挂"龙飞""凤舞"匾一块。外额枋和挑檐枋均出垂柱四根。戏楼下层四柱三间，通面阔 5.84 米，通进深 6.95 米。四柱上均有文字，从左到右依次为"高楼拔地起""砥柱擎中流""基石托千钧""大厦立天建"。戏楼与正堂之间的石坝宽 9.52 米，长 8.44 米。戏楼左右各有耳房三间，小青瓦屋面，穿斗抬梁式梁架。与戏楼同一平面的两间供伴奏、化妆用，与戏台后台相通，通面阔 7.69 米，进深 3.53 米，通高 7.25 米。与戏楼成直角的一间面阔 4.99 米，进深 3.98 米，通高 7.25 米。

正堂左右厢房为悬山顶，小青瓦屋面，穿斗抬梁式梁架，通面阔 11.19 米作三开间，其中明间面阔 4.13 米，进深 3.36 米。正堂为单檐歇山顶，小青瓦屋面，封闭式山花，抬梁式梁架，通面阔 12.91 米作三开间。正堂两侧有配殿各一间，有一圆门与正堂相连。正堂内左右两侧各有石碑一通，左侧为《杜氏宗祠条约禁戒宗派流传碑》，"民国"十一年刊；右侧为《杜氏宗祠建修始末碑记》，"民国"十一年刊。

广元市旺苍县化龙乡石船村2组杜氏宗祠戏楼

戏楼位于广元市旺苍县化龙乡石船村 2 组的杜氏宗祠内。杜氏宗祠修建于清光绪三十二年（1906），"民国"三十六年（1947）年有过培修[①]，"文革"

祠堂山门

---

① 祠堂正殿随梁枋上有"光绪三十二年岁次丙午之贰月弍拾二寅初壹刻榖旦立"、"中华民国三十六年岁次丁亥正月二十七日榖旦立"等题记。按："榖"为"穀"之误写。

戏楼正面

时期再遭破坏，1984、1992 和 2001 年又进行三次培修①。祠堂坐北向南，在南北向中轴线上有山门、戏楼、正堂，两侧为厢房，整体呈四合院布局，保存较为完整。1992 年被公布为县级文物保护单位，2002 年被公布为市级文物保护单位。但宗祠因地处偏僻，长年被锁闭，祠内杂草丛生，构件发霉、破损，缺乏合理利用和精心看护。

山门为重檐歇山顶，小青瓦屋面，檐下悬挂横匾一块，上书"杜氏宗祠"。通面阔 17.75 米作 7 开间，仅明间辟有大门，门高 3.23 米，宽 1.86 米。

戏楼坐西南朝东北，背靠山门，与正堂相对。单檐歇山顶，小青瓦屋面，檐角飞翘，封闭式山花，抬梁式梁架。过路台，三面观，分上下两层，上层为表演场所，下层为通道。地面至戏楼正脊檩高 9.40 米，其中台口高 4.77 米，下通道高 2.58 米。上层省平柱造呈一间之势，面阔 6.49 米；通进深 7.29 米，其中前台进深 4.36 米。台中以隔断分隔前后台，隔断高 3.21 米，宽 3.43 米。隔断上有戏画，上悬挂"歌于斯"横匾一块，下面现放有标志上下场门的两块门匾"手舞"和"足蹈"。隔断两侧有上下场门，门高 1.92 米，宽 0.85 米，

---

① 正殿右次间里侧墙壁前立有石碑一块，记载了祠堂在新中国成立之后的历史。

戏台前台

门上部的花板上有彩绘，但现已模糊不清。门两侧的隔断上亦有彩绘，较为清晰。上下场门向前靠 0.77 米，使后台呈"凹"字形。后台的后墙上开窗两扇。前台台沿正面和侧面均有照面枋，照面枋由雕花板组成，雕饰有花鸟图案。角柱为圆木通柱造，中间施额枋。角柱外出角枋，承外额枋所出的垂柱；内出角枋，插入金柱之中。外额枋出垂柱四根。戏楼左右两侧各有耳房两间，基高 0.27 米，通面阔 5.84 米，进深 3.93 米。第一间耳房与戏台后台相通。戏楼与正堂之间的石坝宽 12.41 米，长 13.03 米。

戏楼与正堂之间的两侧为厢房，歇山式，小青瓦屋面，穿斗抬梁混合式梁架，均通面阔 10.25 米作三开间，其中明间面阔 3.69 米。正堂为悬山顶，小青瓦屋面，封闭式山花，穿斗抬梁混合式梁架，四柱三间，通面阔 12.14 米。正堂明间有一神祖碑，基座正面刻有文字。正堂左右各有侧殿一间，面阔 3.28米，有圆门与正堂相通。

广元市剑阁县鹤龄镇火烧寺戏楼

　　戏楼位于广元市剑阁县鹤龄镇场镇上。关于它的修建、被焚、重修、培修等历史，现戏楼左侧的《火烧寺戏楼碑记》记之甚详（着重号为笔者所加）：

　　　　火烧寺戏楼始建于明代末期，原址在距现戏楼50米处，系火烧寺场上四川、湖广、江西三大会馆中戏楼之首，故有一场三戏楼、三班九台戏之说，其余两处早已毁坏拆除。一六三八年五月（清雍正）①间因大火戏楼被烧，经拆除后迁至现址。该建筑采用明式南派大木作手法营造，采用十四柱木结构梁柱排架式承重，屋顶为青烧

戏楼正面

---

① 一六三八年当为明崇祯十一年。

筒瓦并配有蜂蛾花饰瓦当吊檐，四坡歇山式屋面，上有龙凤脊兽等雕塑，内设天棚为□式彩绘三国二十八折故事的巨幅图画，其绘技手法精妙，堪称一绝，□中用木造壁隔断为内外台，前四柱斜撑上下三层均采用镂空雕手法刻有古装戏剧人物，造形别致，神

戏楼背侧面

戏台现状

态万千，场中院坝内呈自然坡度视觉俱佳。每逢演戏时十里之内均□□清鼓乐之声，实乃为县内一大名楼。一九三五年中国工农红军长征北上抗日，第四方面军强渡嘉陵江，攻克火烧寺后曾在寺内建立赤化县苏维埃政权，并在台上演出文艺节目和宣传抗日主张，影响重大、意义深远。新中国成立后于一九八□年三月二十五日被剑阁县人民政府以剑府发（一九九八）五十二号文件公布为第二批重点文物保护单位。由于戏楼建造年代久远，主体梁柱严重倾斜，屋顶及堂内图画装修雕塑严重损坏，其中楼板在几次演出时发生垮塌伤及数人的不安全事故。戏楼急需拯救保护。一九九五年初夏由本

场贤达之士罗绍成先生独资大规模维修，并亲自施工，历时月余，耗资万余，虽未能重现古时雄伟气象，其貌却也壮观。此举此德意在召示世人。现与三圣宫成为一体，其势更显辉煌。今逢盛世，国富民丰，齐建小康，共创和谐，今为红色旅游项目，更需社会各界共同爱护，特刻碑为记。公元二〇〇六年古历五月二十四日立。

由以上内容可知，该戏楼始建于明末，崇祯十一年（1638）五月因大火焚烧被拆，迁至今戏楼位置。具体迁建时间不详，可能为明末，亦可能为清初，《剑阁文史资料选辑》说是清代，云："火烧寺戏楼，鹤龄乡场东 80 米。清代。"[①]但碑记说"采用明式南派大木作手法营造，采用十四柱木结构梁柱排架式承重，屋顶为青烧筒瓦并配有蜂蛾花饰瓦当吊檐，四坡歇山式屋面，上有龙凤脊兽等雕塑"，可知戏楼具有明式建筑的特征。1995 年进行过大规模培修。

笔者于 2014 年 5 月前往实地考察，发现戏楼周围皆为现代高楼，"与三圣宫成为一体"的三圣宫已不存，仅余戏楼，且戏楼前后台堆满杂物，缺乏妥善保护。戏楼坐西向东，为单檐歇山顶，封闭式山花，筒瓦屋面。正脊两端塑鸱吻，中间塑菩萨头顶葫芦宝瓶。垂脊前端塑神仙。过路台，三面观（但现被改建成呈一面观形式）。戏台通面阔 7.21 米作三开间，其中明间面阔 4.51 米。通进深 8.18 米，分隔前后台的隔断已被拆除，现演出时以帷幔分隔前后台。戏楼梁架为抬梁式，平柱间施额枋，柱间有龙纹雀替。平柱和角柱间亦施额枋，柱间有花牙子雀替。角柱外出斜撑，上镂空雕刻二龙戏珠，与从角部伸出之角枋承挑檐枋和角梁。地面距戏楼正脊高 5.23 米，其中台口高 3.12 米，下高 1.62 米。戏楼下层四面被封，仅在南侧开门与戏楼南侧耳房下层相通。耳房悬山顶，现仅残余一间，分上下两层，面阔 2.65 米，进深 4.35 米，通高 4.31 米，上高 2.68 米。耳房上层与戏台前台相通，正面和侧面设栏杆，后面有踏道可至戏楼背后。

---

① 《〈中华人民共和国文物分布图案·四川分册〉剑阁文物点一百零九处的名称》，载《剑阁文史资料选辑》（第十二辑），剑阁县政协委员会 1989 年编印，第 163 页。

广元市剑阁县羊岭乡桥河村石城乐楼

    乐楼位于广元市剑阁县羊岭乡桥河村石城场上。乐楼修建于清同治八年（1869）[①]，2000 年进行过培修[②]。现乐楼的下层和耳房住有居民，戏台成为堆放

戏楼正面

---

    ① 戏楼正脊檩上有题记："皇清同治捌年岁在己巳仲秋月毂旦。"同治八年即 1869 年。

    ② 戏楼脊檩下钉有一木条，上有题记："培建乐楼倡导人伏燿华工程协助杜海州参与熊正民勘舆刘朝宗 弘扬民族文化甘当今朝佣人……庚辰年四月初三日。""庚辰"为 1940 年或 2000 年。木条较新，墨字亦较新，故"庚辰"当为 2000 年。

戏楼背面

杂物的场所，缺乏合理的利用和应有的保护。

乐楼坐西南向东北，单檐歇山顶，檐角飞翘，小青瓦屋面，封闭式山花，穿斗抬梁混合式结构。过路台，一面观，分上下两层，上层为表演场所，下层为通道。戏台通面阔 7.97 米作三开间，其中明间面阔 4.31 米；通进深 7.19 米，其中前台进深 4.48 米。台中以隔断分隔前后台，隔明间隔断两侧有上下场门，门高 1.92 米，宽 0.78 米，现安装有门。次间隔断比明间隔断前靠 0.95 米，使后台呈"凹"字形。后台开窗两扇。前檐四柱为圆木通柱造，狮形柱础，其中左角柱下层现为方形石柱。平柱间施额枋，柱间有雀替。平柱和角柱间亦施额枋，柱间有花牙子雀替。角柱外出角枋，承挑檐枋和角梁。戏台前沿有照面枋，上原有雕刻，现已模糊不清。乐楼下层现前后均被封闭，仅开窗，被居民作为用房。地面距乐楼正脊檩高为 7.95 米，其中下高 2.11 米，台口高 3.87 米。基高 0.43 米。

戏台两侧各有耳房一间，单檐歇山顶，小青瓦屋面，分上下两层，均面阔 3.69 米，进深 5.45 米；通高 4.12 米，其中上高 2.01 米。耳房与戏台前台本相通，但现在左侧耳房与前台之间的门被砖砌上。现右侧耳房上层的侧墙开门，有八级石踏道可达地面。

广元市剑阁县元山镇南华宫戏楼

　　戏楼位于广元市剑阁县元山镇下北街 7 号元山社区的南华宫内。南华宫建于清雍正六年（1728），由"湖广填四川"时湖南籍移民修建，坐西向东，东西轴线上由山门、戏楼和正殿组成，南北两侧为看楼和厢房，整体呈四合院布局。新中国成立后南华宫曾作为旅馆、元山区离退休教工协会、元山镇小学和中学所用。南华宫因多次作为他用，故有所改建，但整体结构保存较好。1991 年被公布为县级文物保护单位。现戏楼未得到合理使用和应有保护，破损不堪；正殿、看楼和厢房被用作元山中学的教师宿舍，但很多房间亦空置未用。

戏楼正面

戏楼侧面

戏台内部

戏楼坐东朝西，背靠山门，正对正殿。单檐歇山顶，小青瓦屋面，封闭式山花，抬梁式梁架。过路台，三面观（现次间侧墙被封，使戏台呈一面观式），上层为戏台，下层为通道。戏台通面阔 7.89 米作三开间，其中明间面阔 4.71 米；通进深 7.97 米，其中前台进深 4.84 米。现明间安装有折叠门，次间被木板封闭（但右次间的木板又已被毁）。台中以隔断分隔前后台，次间隔断辟有上下场门，门高 1.76 米，宽 0.88 米。隔断上原有彩绘和题记，但现已模糊不清。后台有一长形木台，长 4.11 米，宽 2.44 米，高 3.05 米，为演员化妆和临时睡觉之用，亦可作供奉南华真人庄子神像的神龛用；新中国成立后戏楼被作为元山中学教室，神像被拆除。戏楼基高 0.23 米，由地面至正脊檩高 8.28 米，其中下层通道高 2.17 米，台口高 3.65 米。戏楼前檐四柱为圆木通柱造，高 5.56 米，柱础高 0.26 米。角柱间施额枋。戏楼下层亦为四柱三间，明间中间为通道，后辟圆门；两次间现被木板封闭。戏楼两侧各有耳房一间，作伴奏和化妆之用，悬山顶，小青瓦屋面，穿斗式梁架，面阔 2.91 米，进深 2.84 米，分上下两层，山柱 5.48 米，下高 2.13 米。北面耳房前有 11 级木踏道可达耳房门口和戏台前台。

戏楼南北各有两层看楼，通面阔 12.71 米作三开间，通进深 8.14 米，其中上层廊深 1.57 米。前檐柱为圆木通柱造，高 7.05 米，其中下高 3.14 米。戏楼对面为正殿，通面阔 20.15 米作五开间，其中明间面阔 4.56 米；通进深 11.73 米，其中下层廊深 2.11 米。前檐柱为圆木通柱造，高 5.72 米，其中下高 2.97 米。正殿两侧为厢房，与正殿呈直角分布，通面阔 17.73 米作 5 开间，高 5.16 米，进深 8.06 米，其中廊深 2.12 米。与看楼相接的一间为通道，由此亦可出入南华宫。

乐山市五通桥区冠英镇天池村杨宗祠戏楼

　　该戏楼位于乐山市五通桥区冠英镇天池村 8 组的杨宗祠内。宗祠始建于清乾隆四十二年（1777），因杨氏祖先中进士而建立。宗祠坐西北朝东南，由山门、戏楼、前厅、后厅和厢房组成，四周施围墙。祠堂曾作为学校使用过，现已废置。1984 年被列为乐山市级文物保护单位。现在宗祠长期被锁闭，无人照看，荒草丛生，破损严重。

　　山门为砖石结构的牌楼式建筑，八柱七间五楼，底部为石砌，上层为砖

祠堂山门

戏楼正侧面

戏楼侧面

砌。屋顶为庑殿式，上覆小青瓦。两侧有封火墙，正门两侧各有拱形耳门一扇，正楼檐下题版上竖刻"杨宗祠"三字，字上方用高浮雕手法雕刻着"群仙拱寿"图案。

戏楼背靠山门，单檐歇山顶，透空式山花，小青瓦屋面，正脊和戗脊上的吻兽皆已不存，垂脊前端塑有花瓶，各条脊身上的雕刻破坏严重。抬梁式梁架，过路台，三面观，分上下两层，上为表演场所，下为通道。上层面阔一间约 7.12 米，进深约 8.0 米。现台沿四周雕花板上施栏板栏杆。前檐角柱为圆木通柱造，通高约 6.3 米。角柱间施额枋，角柱外出角枋，承挑檐枋和角梁。老角梁出龙头，仔角梁飞翘。四周檐下以木条遮隔檐顶，成天花。现戏台正侧面加栏板封闭。戏楼两侧各有耳房一间，两侧施封火墙。现戏楼和耳房被围墙围住，周围长满藤蔓和荒草，难以进入。

前厅穿斗抬梁混合式梁架结构，小青瓦屋面，通面阔 8.27 米作四开间，进深 5.22 米，前檐柱高 5.54 米。后厅门口 13.57 米，进深 9.80 米，前檐柱高 7.62 米。前厅和后厅之间以厢房相连，厢房通面阔 11.37 米，进深 7.19 米，前檐柱高 4.64 米。

乐山市井研县千佛镇民建村雷氏祠堂戏楼

　　该戏楼位于乐山市井研县千佛镇民建村三组的雷氏宗祠内。明代洪武年间一支雷姓移民从湖北麻城迁徙入川，定居在井研县千佛镇。该宗祠是雷氏后裔于清代修建而成。宗祠坐北朝南，在中轴线线上依次分布为拥壁、戏楼和正堂，东西两侧为厢房，整体呈四合院布局。2006年被公布为乐山市级文物保护单位。现宗祠里住有一户雷氏后裔，部分建筑被改建，保护不善。

　　拥壁为一字牌坊式建筑，砖石结构，底部为石砌，上层为砖砌。三楼重檐，正楼檐下题版竖刻"雷氏宗祠"四字，左右有两幅人物彩绘。正楼下有

戏楼正面

一洞拱形顶门，门楣上阳刻"万古蒸尝"四字。正楼和边楼檐下花板上彩绘有人物故事，单额枋上雕刻有花草、人物图案。

戏楼坐南朝北，背对拥壁，与拥壁相距0.5米左右。悬山顶，小青瓦屋面，抬梁式梁架，过路台，一面观，分上下两层，上层为戏台，下层为通道。戏台通面阔5.10米作一开间，通进深5.5米。分隔前后台的隔断已拆。后台有一长形木台，长5.0米，宽0.82米，高0.9米，为演员化妆和临时睡觉之用。地面至脊檩距离6.17米，其中下高2.17米，台口高2.36米。现台上堆满杂物。两角柱为圆木

祠堂拥壁

通柱造。挑檐枋出垂花柱，垂花柱两侧有雀替。戏台两侧各有房屋一间，与戏楼高度相同，它们与戏楼一起组成祠堂的门楼。它们面阔均为4.55米，进深4.40米。它们前有廊，与戏台相通，廊深1.53米，廊前有栏板栏杆，栏杆高0.8米。西耳房与西厢房相接之处有七级木踏道可至上层。现这两间均被改建为居民用房。

东西厢房亦作看楼使用，小青瓦屋面，通面阔均为15.77米作四开间，进深2.8米，前檐平柱高4.53米。厢房与正堂相连，正堂为悬山顶，面阔13.66米作三开间，进深6.19米，前设四级石踏道。

泸州市泸县立石镇南华宫戏楼

　　戏楼位于泸州市泸县立石镇神泉街，原为南华宫的山门戏楼。据泸县文物局相关领导介绍，很多专家前来考证过南华宫及戏楼，确证它们修建于明代末年，为广东移民所建。原建筑规模不详，现仅存戏楼，但因前后左右修满民居，环境逼仄，不能得到充分利用。

　　戏楼坐西南朝东北，单檐歇山顶，小青瓦屋面，抬梁式木结构。过路台，三面观，分上下两层，上层为戏台，下层为通道。现上层的侧面被封，仅作一面观；下层前后左右均被封，仅在背后留门一扇。戏台通面阔 8.26 米作三

戏楼背面及周边建筑

戏楼上层

戏楼侧面

戏楼背面

开间，其中明间 4.56 米。通进深 6.8 米，其中前台进深 4.6 米。台中原有隔断分隔前后台，现已拆。台沿施雕花板，雕花板上有精美的人物故事雕刻，现均有所破坏。前台四根檐柱为圆形石柱，通柱造。角柱通高 6.55 米，其中下层柱高 2.46 米。方凳础高 0.3 米。台基高 0.2 米。平柱外设斜撑，承檐枋。角柱外出斜撑，承与从角部伸出的角枋。斜撑上均有人物圆雕。2014 年时戏楼两侧的耳房均存，现已被拆。

戏台台沿雕花板

泸州市泸县云龙镇街村老庙戏楼

老庙戏楼位于泸县云龙镇街村五组戏场坝。老庙修建于民国十四年（1925），培修于二十世纪九十年代。老庙坐东北向西南，沿中轴线依次增高排列为山门、戏楼和正殿，两侧厢房，整体呈四合院布局。现仅存正殿和戏楼。正殿已破损不堪，成为危楼。戏楼近年经过培修，于2013年被列为泸县第八批文物保护单位。现戏楼长期闲置，未得到很好的利用和保护。

戏楼坐西南向东北，悬山顶，穿斗式木结构，小青瓦屋面。过路台，一面观（戏台向前略微伸出，仅有0.87米），分上下两层，上层为戏台，下层为通道。戏台平柱略微内移，通面阔11米作三开间；通进深8.6米，其中前台进深6米。台中有木板隔断区分前后台，隔断上侧挂有一匾额，上书"古戏楼"。

戏楼正面

正殿

次间隔断比明间隔断前靠 2.75 米，使后台呈"凹"字形。两次间隔断有上下场门，门均高 1.87 米，宽均 0.80 米。角柱和平柱为圆木通柱造，通高 6.34 米，其中下层柱高 2.60 米。角柱与平柱间连枋，平柱间施内额。四柱间皆外出斜撑，承挑檐枋。前台台沿阳刻有"福禄寿禧"四个大字，下出垂柱四根。戏楼下层面阔三开间，本为通道，但现后部已被砌墙封闭，被改建成老年协会活动室，明间门边挂有"云龙镇达康社区老协分会""云龙镇达康社区老协分会活动室""云龙镇达康社区老年学校"等牌子。戏楼两侧各有耳房一间，单檐歇山顶，面阔均为 3.35 米，进深均为 7.73 米。耳房现用作戏楼经营者的住房。

泸州市合江县白鹿镇邓家祠戏楼

戏楼位于泸州市合江县白鹿镇街上中心小学附近的邓家祠堂内。笔者于2018年4月前往实地考察。据邓氏后代介绍，邓家祠始建于清顺治年间。祠堂坐西北向东南，沿中轴线依次排列为山门、戏楼和正堂，两侧为厢房，整体呈四合院布局。现仅存戏楼和正堂，它们作为生产棺材的木料厂房使用，破损严重。

戏楼坐东南向西北，背靠山门，单檐歇山顶，小青瓦屋面，穿斗抬梁混合式。过路台，一面观，分上下两层，上为表演场所，下为通道。戏台移平柱造，通面阔9米作三开间，其中明间5米；通进深8.3米，其中前台进深5米。台中有隔断分隔前后台，隔断两侧有上下场门，门高1.8米，宽1.1米。

戏楼正面

现前后台的明间台板已拆。前台两次间台沿的雕花板上有精美的人物故事雕刻，但也破坏严重。戏楼顶部施天花，天花中为藻井，现天花已剥落。地面至正脊檩高10米。角柱和平柱为方木通柱造，平柱通高8.5米，柱础高0.25米，柱础上有祥龙图案。两角柱上有楹联："伶工箫管无俗韵，一遇祭时莫把滑调油腔渎吾祖聪听"、"优孟衣冠亦感人，每逢佳节演些忠臣孝子与诸君静观"。平柱上亦有楹联："演出忠孝真情最宜著眼"、"看到奸雄末路亟好回头"。角柱和平柱间插枋，檐枋在平柱位置出垂花柱。戏楼下层里面左侧原有十四级木踏道可达后台，现改建为石踏道。戏楼两侧耳房已拆，被改建为砖石结构的住房，现作为居民用房。

正堂通面阔23.85米作五开间，进深7.51米，地面至脊檩高4.2米。

祠堂山门（戏楼背面）

戏楼台沿雕花板雕刻

戏楼梁架及藻井

泸州市合江县参宝乡望川场武庙戏楼

戏楼位于泸州市合江县参宝乡望川场老街的武庙内。武庙建于清代，原由由拥壁、戏楼、厢房和正殿组成，整体呈四合院布局。现左厢房已拆毁，正殿被改建为酒厂。现存的拥壁、戏楼和右厢房保护不善，破损严重。

拥壁为砖石结构，长23.43米，高9.5米，上开三洞圆顶门，现正门两侧的小门被封。戏楼背靠拥壁，与正殿相对，与两侧耳房共用一个屋顶，屋顶为硬山顶，小青瓦屋面，两侧为防火墙。穿斗式梁架，过路台，分上下两层，

戏楼正面

武庙拥壁（戏楼背面）

上层为戏台，下层为通道。戏台省平柱呈一间之势，面阔 6.5 米，通进深 5.65 米，其中前台进深 3 米。台中有隔断区分前后台，隔断两侧有进出场门，门高 2 米，宽 0.7 米。现前台右侧添建小房间。角柱间额枋出垂柱两根。台沿有戏曲故事雕刻，但在"文革"中有所损坏。地面至脊檩高 9.5 米，其中下层通道高 2.3 米。现前后台堆满杂物，脏乱不堪。前台甚至摆放一口棺材，格外扎眼。戏楼下层面阔三间，现仅明间为通道；右次间封墙为房间，作为居民用房；左次间作为酒厂的储存间，摆放许多酒缸。

戏楼两侧各有耳房一间，均面阔 4.8 米、进深 3 米；且前有廊，与前台相通，廊深 0.8 米。耳房上层堆满了杂物，下层摆放了很多酒缸。右厢房为悬山顶，通面阔 13.4 米作四开间，进深 3.3 米，檐柱高 4.7 米。正殿为悬山顶，面阔 13.7 米作三开间，进深 15.7 米，地面至脊檩高 6.5 米。

眉山市东坡区盘鳌镇戏楼

　　戏楼位于眉山市东坡区盘鳌镇下街，在镇政府南 400 米。编印于 1990 年的《乐山市戏曲志》载："为雍正十二年（1735）所建，宣统时小修一次，建国初期大修一次，'文革'中遭到破坏，现已修复。"①现存戏楼正脊檩上有"宣统元年"等字，可知"宣统时小修一次"当为宣统元年（1909）。"该戏台为东坡区存量不多的清代建筑之一，也是东坡区仅存的民间戏台。"②2012 年被公布为市级文物保护单位。

　　戏楼坐西南朝东北，木结构，单檐歇山顶，小青瓦屋面，施瓦当和滴水。正脊施脊刹，两端塑有鸱吻。垂脊和戗脊前端塑有龙吻。檐角高翘。镂空式山花。抬梁式梁架。过路台。三面观。戏台通面阔 8.31 米作三开间，其中明间面阔 4.67 米。通进深 9.27 米，其中前台进深 4.62 米，台口有护栏。台中以木质隔断分隔前后台，明间隔断两侧有上下场门，门宽 0.85 米，高 2.73 米。次间隔断比明间隔断前靠 1.03 米，使后台呈"凹"字形。隔断和其上部的花板上有彩绘，但现已模糊不清。地面至戏楼正脊檩高 8.73 米，其中台口高 4.11 米。台檐四柱为圆木柱通柱造，柱高 5.13 米，柱础高 1.21 米。前檐四柱外设斜撑，斜撑较长，与从四柱向外伸出的枋承垂花柱和挑檐枋。角柱和平柱之间设枋，两平柱间亦设枋，枋上均有彩绘，现已模糊不清。戏台檐枋和檐檩之间施花板，上有彩绘，现已模糊不清。戏楼下层高 2.22 米，现已加墙改建成小屋形式。戏楼下层背面正中位置嵌有石碑两通，并列宽 1.94 米，高 2.14 米，上有培修戏楼捐款人名单，文字漫漶严重，难以识读。石碑两侧施楹联

---

　　① 《乐山戏曲志》第九章《文物古迹》，乐山市文化局 1990 年编印，第 87 页。按：雍正十二年当为 1734 年，这里说是 1735 年系误。又，本书第七章《演出场所》第二节《主要演出场所选例》也提及该戏台，云："盘鳌乡古戏台建成于乾隆五十四年（1789）。"（第 80 页）

　　② 《眉山市第三次全国文物普查资料》，2014 年 6 月 11 日眉山市文物局文物管理科同志提供。

戏楼正侧面

戏楼背侧面

"□美垂成上欲袂霄光□□"、"太平谱出声同击攘颂尧天",横额"咸有一德"。戏楼两侧各有耳房一间,悬山顶,小青瓦屋面,穿斗式梁架,面阔3.06米,进深5.69米,中柱高6.26米。耳房与戏台的后台相通。耳房后缩,与戏台整体呈"品"字形。戏楼与耳房基高均为0.22米。

绵阳市游仙区东宣镇东岳庙戏楼

　　戏楼位于绵阳市游仙区东宣镇东岳街53号。戏楼原为东岳庙附属建筑，东岳庙修建时间不详，由正殿、左右厢房、戏楼组成，现仅存戏楼。由戏楼脊檩上的题记"旨维皇清康熙肆拾柒年岁次戊子十二月十八日庚申明黄道辰时竖立""旨维皇清同治十二年岁癸酉十一月十五日庚申明星黄道辰时补葺竖立"可知，戏楼始建于清康熙四十七年（1708），同治十二年（1873）培修。"文革"中戏楼遭到损坏，近半个世纪以来戏楼又因保护不善而有所破损。《中国戏曲志·四川卷》载：

戏楼正面

戏楼前台

　　乐楼太师壁正中二点五米高处板壁上有正楷书写捐资修造乐楼人名及数量清单，白底黑字，"文化大革命"中被人刮削，现已模糊不清。乐楼房顶两边脊尾上原有白瓷片镶嵌的白龙两条，龙身上有戏曲《白蛇传》中之白素贞、青儿、许仙、法海等人物塑像，高约零点五米。天花板上全是约零点八米见方的彩绘戏画，内容有《樊梨花》《算粮登殿》《西游记》《舌战群儒》《错斩于吉》《战长沙》《天水关》《火烧战船》《长坂坡》《泗水关》等，横格、檐口、两厢也有《青梅记》《杀狗》《佟文正闹都堂》《黄金窑》《引凤楼》等戏画。太师壁正中还排有黑底金万字格装饰戏匾一块，长三米，宽一点四米，上书"乐奏天均"四个金字，落款为同治三年 (1864)。左右马门上方也挂有宽约零点六米的扇形匾额各一道，左面上书"出将"，右面上书"入相"，可惜在 1966 年"文化大革命"中全部毁坏。[1]

　　笔者于 2014 年 6 月对东岳庙戏楼进行实地考察。戏楼坐西南朝东北，单

① 《中国戏曲志·四川卷》，中国 ISBN 中心 1995 年版，第 456 页。

檐歇山顶，小青瓦屋面，屋脊上原塑有的龙和戏曲人物均已不存。穿斗抬梁混合式梁架。过路台，三面观。戏台通面阔 7.8 米作三开间，其中明间 4.76 米。通进深 8.2 米，其中前台进深 4.6 米。台中木质隔断分隔前后台。隔断上原有捐资修造戏楼人名及数量清单的记载已不存，隔断上方悬挂的"钧天奏乐"①的戏匾也已不见。隔断两侧设上下场门，门高 2.1 米，宽 0.7 米，原有的门联完全荡然无存。次间隔断比明间隔断前靠 0.7 米，使后台呈"凹"字形。台沿正面和侧面有雕花板，上雕有花纹图案。屋顶天花板上原有的彩绘戏画褪色模糊，已无法看清。前檐四柱为圆木通柱造，其中角柱通高 4.7 米，下层柱高 1.6 米，抹角石质柱础高 0.6 米。角柱间施额枋，上有雕刻，现已毁。老角梁出龙头，子角梁飞翘。戏楼左侧有 8 级木踏道可上戏台。戏楼下层为通道，现背后砌墙封闭。戏楼两侧各有耳房一间，面阔 5.3 米，进深 4.2 米，前有廊与戏台前台相通。现右侧耳房向前扩建，与戏台前台相通。

---

① 《中国戏曲志·四川卷》载戏匾上四字为"乐奏天均"，当为"钧天奏乐"之误。

绵阳市三台县东塔镇高山乡戏楼

　　戏楼位于绵阳市三台县东塔镇高山乡街东面。由戏楼正脊枋题记"大清同治十三年岁次甲戌正月初二日卯时竖柱"可知戏楼建于同治十三年 (1874)。现戏楼保护较差，前后台均堆满杂物，部分构件也亦破损。

　　戏楼坐东向西，过路台，三面观。单檐歇山顶，檐角飞翘。筒瓦屋面，饰以瓦当、滴水，屋面塑有弥勒佛。正脊中间塑以白瓷宝瓶，两侧塑以飞鸟和鸥吻；脊身雕刻有双凤朝阳。两垂脊前端还塑有川剧《秋江》人物。穿斗抬梁混合式梁架，封闭式山花，左边山花上雕刻有龙游大海图像，右边山花雕刻有人物故事场景，皆施彩绘。戏台通面阔 8.30 米作三开间，其中明间 4.80

戏楼正面

戏楼垂脊雕饰（川剧《秋江》）

戏楼耳房

戏台内部

米；通进深 9.2 米，其中前台进深 4.7 米。台中以隔断分隔前后台，隔断长 4.6 米，现已拆除。次间隔断比明间隔断向前凸出 0.94 米，使后台呈"凹"字形。台中梁架之间的花板原有彩绘，但现均不存。台沿有雕花板，上原有雕刻，现已脱落。地面至脊檩高 9.67 米，其中台口高 4.71 米，下层高 2.02 米。四周檐下以花板遮隔檐顶，成天花，上原有彩绘，现亦不存。前檐四柱为圆木通柱造，角柱通高 6.10 米，其中下层柱高 1.56 米，柱础高 0.44 米，柱础上有戏曲人物雕刻。四柱原有斜撑，且透雕人物。现仅剩角柱外出斜撑，承挑檐枋。老角梁出龙头，仔角梁飞翘。下层为通道，现被木板和木条封闭，仅在明间开双扇门。戏楼左侧与耳房相接处有 8 级石踏道可达戏台前台。戏楼左右各有耳房 1 间，面阔 4.3 米，进深 4.1 米，两侧施封火墙。

绵阳市三台县富顺镇塞江乡南锋村戏楼

　　戏楼位于绵阳市三台县富顺镇塞江乡南锋村。由戏楼正脊枋题记"大清道光拾弍年仲秋月望二日修乐楼壹座""大清同治四年孟秋月朔二日……重修……"可知，戏楼始建于清道光十二年（1832），重修于同治四年（1865）。现存戏楼、耳房与右侧厢房，但保护较差。

　　戏楼坐西南朝东北，单檐歇山顶，小青瓦屋面，穿斗抬梁混合式，镂空式山花。三面观，上下两层。戏台省平柱呈一间之势，面阔8米；通进深7.05

戏楼正面

米，其中前台进深4.76米。台中区分前后台的隔断已拆。现戏台前沿加设铁栏杆。地面至脊檩高7.03米，其中台口高4米，下层高2米。戏楼角柱现已经改建成砖柱，通柱造，外设斜撑承挑檐檩，上有戏曲人物雕刻。角柱旁边墙壁上挂"三台县富顺镇老年协会"竖牌一块。戏楼下层本为通道，现已封闭，和上层均作为茶铺使用。

戏楼左右各有耳房一间，现左侧耳房的前面增建一间砖石结构的房子，与戏楼前台持平。右侧耳房向前扩建，亦与戏楼前台持平。右侧厢房为悬山顶，小青瓦屋面，穿斗式梁架，通面阔9.73米作三开间，进深5.4米，四根檐柱为圆木通柱造，通高6.7米，其中下高2.78米。厢房上层前有廊，浅有栏杆，廊深0.65米。现上层为居民用房，下层为茶铺。

戏楼檐柱斜撑雕刻（川剧变脸场景）

绵阳市三台县芦溪镇关帝庙戏楼

　　戏楼位于绵阳市三台县芦溪镇中街155号，为关帝庙附属建筑。关帝庙的修建时间不详。关于戏楼，《绵阳市第三次全国文物普查资料》载："戏楼坐西朝东，距今380年。"若"三普"所载不虚，戏楼应修建于明代末年。关帝庙原由山门、戏楼、厢房和正殿组成，现存戏楼及部分厢房，现前后两侧施围墙。1997年被公布为县级文物保护单位。

　　戏楼坐西向东，单檐歇山顶，小青瓦屋面，前檐饰瓦当、滴水。正脊正中塑宝瓶，两端塑双龙和鸱吻。戗脊中间塑戏曲人物（小生和青衣），前端塑飞龙。垂脊上面塑狮子三只，前端塑有戏曲人物一个，现仅存右垂脊前端人物，

戏楼正面

083

戏楼正面（近景）

戏楼左戗脊雕塑

戏楼右戗脊雕塑

为一女性。戏楼为过路台，三面观，分上下两层。戏台通面阔8.76米作三开间，通进深9.4米，其中前台进深4.40米。台中木质隔断区分前后台，隔断两侧有上下场门，门高1.7米，宽0.8米。次间隔断比明间隔断靠前1.4米，使后台呈"凹"字形。现后台住有居民，前台摆放杂物。戏台室内饰天花，台面至天花板高3.65米。台沿有雕花板，雕花板上有栏杆。前檐四柱为圆木通柱造，其中角柱通高5.55米，下层柱高1.90米，柱础高0.15米。戏楼下层本为通道，现后墙封闭，作为茶馆。戏楼南侧有踏道可上达戏台前台。

戏台两侧各有耳房一间，面阔2.8米，进深6.4米。耳房正面开门一扇，前有廊、栏杆，廊直达前台。耳房和后台内现住有居民。戏楼南北两侧有厢房，但因城市建设，厢房被拆除一半。残存厢房现也被改建，内住有居民。

绵阳市三台县新鲁镇平基村平基寺戏楼

　　戏楼位于绵阳市三台县新鲁镇平基村，为平基寺的附属建筑。平基寺修建于清代，坐北朝南，沿南北轴线为戏楼、中殿和后殿（正殿）组成，两侧为厢房，整体呈两进四合院布局。1999年被公布为三台县文物保护单位。戏楼在汶川地震后整体向右倾斜，现未修复。

　　戏楼坐南朝北，正对中殿，单檐歇山顶，收山明显，小青瓦屋面，各种脊饰现已不存，脊身上的雕刻也模糊不清。穿斗抬梁混合式梁架。过路台，三面观。戏台通面阔8.05米作三开间，其中明间4.81米。通进深7.35米，其

戏楼正面

戏楼后台

中前台进深 3.68 米。台中有隔断分隔前后台，明间隔断两侧有上下场门，门均高 1.9 米、宽 0.72 米；隔断上有三幅人物故事彩绘，现仅两幅可见。次间隔断比明间隔断略微前靠，使后台呈"凹"字形。现前台次间两侧以矮墙封闭，使戏台呈一面观。前檐四柱为圆木通柱造，皆外出斜撑，斜撑上雕刻有花草图案。平柱之间的额枋、角柱和平柱之间的额枋上皆有彩绘。戏楼下层三开间，本为通道，现四周砌墙成封闭之势，仅在明间正中开门，内堆放杂物，里面西侧有 11 级石踏道可达后台。地面至脊檩高 7.79 米，其中下高 2.18 米，台口高 3.24 米。

中殿为悬山顶，小青瓦屋面，穿斗式梁架，面阔 19.50 米作五开间，进深 7.49 米。每间额枋上皆有花板，彩绘人物故事图案，现仅存正中三间有。前檐五柱为圆木通柱造，高 3.88 米。最东面一间已改建为砖石结构。后殿为正殿，又名大雄宝殿，悬山顶，小青瓦屋面，前檐饰滴水，穿斗式梁架，基高 0.93 米，通面阔 21.5 米作五开间，进深 7.89 米。除明间外，其余各间额枋上皆有花板，彩绘佛教人物图案。后殿前立有三通碑，分别为刊于乾隆九年、乾隆四十二年、道光二十年。

绵阳市三台县云同乡禅寂村禅寂院戏楼

　　戏楼位于绵阳市三台县云同乡禅寂村，为禅寂院的附属建筑。禅寂院建于清代，坐西向东，沿东西轴线依次为山门、戏楼、中殿、正殿，两侧为厢房，整体呈两进四合院布局。新中国成立后曾作为学校、村委会办公用房，为三台县文物保护单位。现均存，但破败不堪。2008年汶川大地震中又有所损坏，山门出现裂缝，戏楼南角柱与南平柱已明显出现倾斜，现并未修复。

　　戏楼脊檩上有题记"大清嘉庆十伍年岁次庚午月建己丑十二月十六日吉

戏楼正面

087

戏楼侧面

旦",由此可知戏楼修建于清嘉庆十五年（1810）。戏楼背靠山门，坐东向西，单檐歇山顶，筒瓦屋面，饰以瓦当和滴水。各条脊上的饰件皆已不存，脊身雕刻亦被毁坏。抬梁式梁架，檐角飞翘。过路台，一面观，分上下两层。戏台通面阔 8.53 米作三开间，其中明间 5.12 米；通进深 7.58 米，其中前台进深 4.43 米。台中有木质隔断分隔前后台，明间隔断两侧有进出场门，门高 1.90 米，宽 0.78 米。明间隔断上方有三幅戏画，均已模糊不清。后台有一木台，长 2.71 米、宽 0.90 米、高 0.43 米，为供奉祭台。明间台沿前现有欂子栏杆，仅留一出口，栏杆高 1 米。两次间台沿有栏板栏杆，高 1.35 米。前檐四柱为圆木通柱造，通高 5.88 米，其中下层柱高 1.93 米，鼓镜石柱础高 0.20 米。四柱皆外出斜撑，承挑檐枋。四柱间皆有云墩和雀替。平柱和明间隔断两侧的金柱之间插枋，枋上部有花板，上亦有人物故事彩绘，亦模糊不清。现平柱上悬挂竖匾，上书"三台县云同乡禅寂院文物保护小组"。地面至脊檩高 10.13 米，其中台口高 5.50 米，下层通道高 2.13 米。下层为通道。现戏楼左侧立三通碑，分别为刊于乾隆三十四年、道光一十八年和同治八年。

绵阳市盐亭县富驿镇戏楼

  戏楼位于绵阳市盐亭县富驿镇富驿中学内。富驿镇历史悠久,曾经古建筑林立,有七个半戏楼,它们是"魁星阁,万寿宫,马王庙,王氏祠,三元宫,禹王宫(二个)等地,因地势原因,在上街口修建了半个戏楼(只有前台无后台)"①。这些宫庙皆已不存,因文献资料缺乏,笔者难以考证此戏楼究竟属于哪座宫庙。2014年6月笔者前往实地考察,问及学校老师和周围居民,皆不知,唯知此戏楼修建于清代。现存戏楼和东侧耳房一间,均保护不善。

  戏楼坐南朝北,单檐歇山顶,筒瓦屋面,饰瓦当和滴水。正脊中间塑有宝瓶,两端塑有鸱吻。正脊上雕刻有花草图案。抬梁式梁架。檐下饰以如意斗拱。过路台,三面观,分上下两层。戏台省去平柱呈一间之势,面阔9.1米,通进深8.1米。现戏台正

戏楼正面

---

  ① 王宗林:《富驿古镇胜迹多》,《绵阳文史丛书》(第六辑),绵阳市政协委员会1998年编印,第223页。

戏楼背面

面被泥土封闭，仅正面开窗。角柱为圆木通柱造，通高 5.71 米，下层柱高 2.51 米。角柱间施额枋，于平柱位置出垂花柱。角柱外出斜撑，上承挑檐枋。戏楼下层面阔三间，其中中明间 5.11 米。现下层前后皆砌墙封闭，曾作为居民用房。戏楼左右各有耳房一间，悬山顶，面阔 4.33 米，进深 6.12 米，现仅存西耳房。西侧贴近耳房处有一楼梯可达戏台，但戏台已封，无法进入。

绵阳市梓潼县黎雅镇紫府飞霞寺戏楼

　　戏楼位于绵阳市梓潼县黎雅镇文昌街 100 号的紫府飞霞寺内。紫府飞霞寺实为紫府飞霞洞前的文昌宫。据立于寺正殿前的《黎雅镇紫府飞霞洞记》载："宋元明清均有文化名人来紫府飞霞洞吊念为百姓排解纠纷、采药治病、教书导化安定的文昌帝君张亚子，洞口又修了橡木结构的文昌阁。"但飞霞寺以及山门戏楼具体修建于宋、元、明、清何时，笔者未能查到确切文献。笔者于 2014 年 6 月进行实地考察时，据当地居民讲，大约修建于咸丰年间（1851—1861）。飞霞寺坐北向南，南北轴线上为山门、戏楼和正殿，东西两侧施厢房，整体呈四合院布局。在 2008 年汶川大地震中，飞霞寺破损严重。

　　戏楼坐南朝北，背靠山门，单檐歇山顶，小青瓦屋面，抬梁穿斗混合式梁架，过路台，一面观。戏台通面阔 7.51 米作三开间，其中明间 4.41 米；通进深 8.30 米，其中前台进深 4.80 米。现右次间正面砌墙。台中区分前后台的隔断现已拆，但从残留痕迹可看出，次间隔断比明间隔断靠前 0.57 米，使后台呈"凹"字形。戏台墙壁上留有题记，但大多模糊不清，仅有"青川县川剧团到此演出"一条可识。戏台室内饰天花，台面至天花板高 3.20 米。前檐下以方板遮隔顶部，成天花。前檐四柱为圆木通柱造，其中角柱通高 5.45 米，下层柱高 2.20 米。左平柱上挂有"梓潼县文管所黎雅飞霞寺文保站"竖匾一块。戏楼下层为通道，现两次间被封，仅在面对通道的方向开门，作居民用房。戏楼左右各有耳房一间，但现仅存左边耳房，且已改建得面目全非。

　　东西厢房为悬山顶，通面阔 17.7 米作 4 开间，进深 6.45 米，前檐柱高 4.69 米。正殿坐北朝南，悬山顶。基高 2.10 米。通面阔 30.10 米作九开间，进深 9.12 米。前檐柱高 3.40 米，柱础 0.30 米。现檐柱上挂"梓潼县三国演义学会飞霞寺文物保护景点"牌子一块。

戏楼正面

戏台后台现状

绵阳市梓潼县石牛镇三圣宫乐楼

戏楼位于绵阳市梓潼县石牛镇金牛街53号的三圣宫内。关于三圣宫及乐楼的修建历史，现立于宫内正殿前的《功德碑》载（2002年刊，碑高2米，宽1米，基座0.354米）：

> 三圣宫位于石牛镇老街中段，座北向南，占地约三千三百十六平方米，现存建筑面积九百四十四平方米。始建于明代嘉靖十七年（1593年）戊戌[①]，只正殿三间，左右厢房各一间。明崇祯十六年（1643年）乙酉[②]，张献忠派部将艾能奇、张化龙率大西军与李自成部将马

戏楼正面

---

① 嘉靖十七年（戊戌）为1538年，1593年为明万历二十一年（癸巳）。故此处1593年当为1538年之误写。

② 崇祯十六年干支纪年为"癸未"，故此处"乙酉"当为"癸未"之误写。

东厢房及新修山门

科激战于梓绵间时，部分毁去。清乾隆四十三年（1778年）戊戌知县朱廉批准当地商民申请，重建石牛场。由西秦会倡导，该会陕西籍客商刘氏义兴成号带头出资，广东籍、湖广籍、本地士民捐助重建三圣宫。在七级台阶上建修正殿六间，木结构架，单檐歇山式，脊饰简单，复盖素筒瓦，现盖小青瓦。西面三间中明间设斗拱，六朵现存。殿内泥塑关羽、张飞等座像，泥塑青龙、黄龙二条缠线于左右内柱上，无存，痕迹尚在。额悬木匾二道，书"义垂桃园""勇冠三国"，无存。后壁绘过《五关斩六将》《古城会》《华容道》《水擒庞德》四幅，尚依稀可见少许。东面三间大小同西面，其中一间山墙上墨绘《三顾茅庐》等十九幅，尚存，详见附照片。东西耳房悬大钟一口，无存。嘉庆二十年（1810年）乙亥①知县刘国策任内，于院坝前修建古典造型乐楼，木框架结构，单檐歇山式九脊顶，四角起翘，脊饰火珠鸱吻，房内顶置八卦型藻井，望板上彩绘《收姜维》《八阵图》《江油关》《卷草套环》等图案②，惜"文革"时折去，

① 嘉庆二十年（乙亥）为1815年，故此处1810年当为1815年之误写。

② 《绵阳市戏曲志》载："天花板、三星壁、楼板无存，穿枋上尚存用石膏斋粉堆砌的梅花、兰草、云纹图案和万字花边。据遗老称：天花板上原有0.8米见方的《秦晋交锋》《收姜维》《空城计》等彩画，后台化妆间的椽子、青瓦上曾星星点点地沾满了演关公戏时扮关公的演员卸装后甩在上面的草纸团（按戏班旧俗，关公是圣人，卸装的草纸不能乱甩）。"（绵阳市文化局1987年内部编印，81页）敬永金主编的《梓潼县志》亦载："戏台楼面木质，接缝处用梭篾穿透。顶篷置八卦音箱，绘24孝图和《古城会》《杀家》《告庙》《江油关》等戏剧图案。"（方志出版社1999年版，第1172页）

□于框架椽柱楼后。原同治七年碑刻已查找回来。道光九年（1830年）乙亥①知县满洲人王振任内，建修两次厢房各六间，平房造型，分别塑灵官雷神等，建山门，形成一院落。新中国成立后东厢房作民居，正殿、西厢房设镇农机站。一九九八年洪灾中冲毁大部分，下仗二〇〇一年石牛人民政府将三圣宫全部拨给镇老年协会、县三国演义学会石牛会员联系组伸用。地方人士积极捐资献料，群策群力，进行培修，现已初复旧观。县文物部分经过考查认定乐楼、正殿为文物，进行保护。（着重号为笔者所加）

笔者于2014年6月进行实地考察时发现，三圣宫现仅存乐楼、正殿、西厢房以及东厢房部分，均破损较为严重。

戏楼修建于嘉庆二十年（1815年），坐南朝北，正对正殿。单檐歇山顶，小青瓦屋面，饰滴水。檐角飞翘。穿斗抬梁混合式。过路台（现下层被封，山门开在东厢房旁边），三面观，分上下两层。戏台通面阔8.38作三开间，其中明间面阔4.40米；通进深5.11米，其中前台进深4.10米。台中分隔前后台的隔断已拆，现在演出时用帷幕代替。天花、藻井、檐下花板现均不存。两次间台口有栏板，栏高1米。地面至脊檩高7.21米，其中下层高1.8米，台口高3.12米。前檐四柱为圆木通柱造，角柱通高4.61米，其中下层柱高2.55米。戏楼下层已被封闭，留三道小门。戏楼仅剩西耳房一间，面阔4.22米，进深5.11米。

戏楼西边两层厢房为悬山顶，小青瓦屋面，通面阔21.39米作六开间，进深6.24米，地面至脊檩高5.71米。厢房七根檐柱为通柱造，高4.61米，柱础高0.32米。厢房现已改作他用。东厢房仅残存两间，现进入宫内的门开在东厢房旁边。正殿为悬山顶，基高1.75米，通面阔23.50米作六开间，进深8.17米，地面至脊檩高5.60米，檐柱高3.84米。殿前有八级石踏道。正殿一部分已改建为老年学校与梓潼县文管所石牛堡文物管理站。正殿内现存两通清代碑，分别刊刻于乾隆四十三年、同治七年。

---

① 道光九年干支纪年为己丑，公元纪年为1829年。故此处"乙亥"当为"己丑"之误写，1830年当为1829年之误写。

绵阳市平武县阔达乡筏子头村回龙寺戏楼

　　戏楼位于绵阳市平武县阔达藏族乡筏子头村的回龙寺内。回龙寺始建于清康熙十三年（1674），乾隆三十二年（1767）补修。"当年，回龙寺是龙州至松潘、甘肃等地的一处重要驿站，且又是戏楼，是川西北保存最为完好的集戏楼与驿站为一体的清代古建筑。"①回龙寺坐北朝南，南北轴线上有山门、戏楼和正殿，东西两侧施配殿，整体呈四合院布局。2007 年被列为四川省文

戏楼正面

---

　　① 夏克斌：《平武深山清代古戏楼 当年天天唱川剧》，《四川日报》2011 年 11 月 25 日第 14 版。

戏台内部

物保护单位，2008 年在汶川地震中受损严重，震后进行过修缮。现戏楼基本被闲置未用，戏台上堆放着蒲团、桌椅以及其他杂物，灰尘满地。

戏楼位于山门之上，山门面阔 21 米作五开间，其中明间正中开门一扇，作过路之用，门高 2.9 米、宽 2 米。门楣上悬挂横匾"回龙寺"，三字周围有双龙环绕；两侧楹联为"登门造极作一生积德之人"、"光临观景迎千里善士远客"。

戏楼坐南向北，单檐歇山顶，筒瓦屋面，檐前饰瓦当、滴水。正脊正中塑有宝瓶，两端饰以鸱吻。垂脊前端塑套兽。穿斗式梁架，封闭式山花。过路台，三面观，分上下两层，上层为表演场所，下层作通道。戏台通面阔 8.92 米作三开间，其中明间 4.41 米。通进深 9.22 米，其中前台进深 4.81 米。台中原有隔断，现已拆。后台有一木台，长 8.92 米，宽 1.20 米，高 1.10 米，供演员化妆和临时睡觉之用，亦可作神龛。后台两侧墙壁上有戏画，但被石灰粉刷时覆盖，仅左侧残存两幅。台沿有雕花板，上雕有花草图案。前檐四柱为圆木通柱造，角柱通高 6.5 米，下层柱高 2.1 米，柱础高 0.2 米。两平柱外设斜撑承挑檐枋，斜撑上原镂空雕刻有戏曲人物，现已毁。平柱间额枋下有挂落，挂落两端有动物雕刻。角柱外出角枋承挑檐枋和老角梁，角枋下有雀替。老角梁出龙头，仔角梁飞翘。角柱和平柱间插枋，枋上彩绘花草图案。戏楼脊檩上有戏楼始建和补修的时间、人员名单等题记。戏楼下层两次间被木板封闭，作储藏室用。下层两侧各有十三级木踏道可达耳房。戏楼两侧各有耳房一间，有门与戏台相通。面阔均为 2.7 米，进深均为 4.5 米。耳房下面堆放着废弃的木料、桌椅等杂物。

　　回龙寺正殿为悬山顶，面阔 12.5 米作三开间，进深 6.9 米，前檐柱高 3.6 米，基高 0.3 米。戏楼南北两侧为配殿，均为悬山顶，通面阔均为 9.6 米作三开间，进深均为 5.26 米，前檐柱高均为 4 米。配殿与戏楼耳房相接处的一间，面阔、进深、通高均有每间配殿相同，下有十三级木踏道可达上层，再进入耳房，由耳房可至戏台。

南充市高坪区长乐镇禹王宫戏楼

　　该戏楼位于南充市高坪区长乐镇的禹王宫内，为禹王宫的附属建筑。禹王宫山门前所立的石碑《长乐禹王宫简介》载："禹王宫，建于清嘉庆乙丑年（1805）。"禹王宫坐北朝南，在南北轴线上排列为戏楼、前殿和正殿，东西两侧为厢房，整体呈四合院布局。新中国成立后厢房曾被改建为粮仓。2003年公布为市级文物保护单位，2007年公布为省级文物保护单位。现整个禹王宫缺乏应用的保护，损坏极其严重。

　　戏楼坐南朝北，正对前殿，背靠山门，山门现已改建，无法窥测原貌。戏楼现仅存大木结构，原有的台面已被拆毁。单檐歇山顶，小青瓦屋面，封闭式山花，抬梁式梁架。过路台，分上下两层，上层为戏台，下层为通道。

戏楼正面

戏楼正侧面

戏楼内部

山门现状

戏台通面阔 8.34 米作三开间，其中明间面阔 4.60 米；通进深 10.0 米，其中前台进深 4.78 米。台中以隔断分隔前后台，隔断两侧有上下场门，现隔断已拆，上下场门仍存。上下场门高 2.62 米，宽 0.83 米。次间隔断比明间隔断靠前 1 米，使后台呈"凹"字形。地面至脊檩距离 9.01 米，其中台口高 4.51 米。戏楼角柱、平柱、金柱和山柱均为圆木柱通柱造，其中角柱通高 6.90 米。角柱间施额枋，额枋于平柱位置出垂柱。角柱外出斜撑，承角梁。戏楼下层高 2.43 米。戏楼东西两侧各有耳房一间，悬山顶，小青瓦屋面，面阔均为 7.50 米，进深均为 6.91 米。

戏楼由东西耳房连接厢房，厢房连接前殿。厢房为悬山顶，小青瓦屋面，通面阔 23.32 米作五开间，进深 3.46 米，前檐柱高 4.37 米。厢房因在新中国成立后被改建为粮仓，现仍可看出作为仓库的模样。前殿为悬山顶，小青瓦屋面，穿斗式结构，面阔 25.10 米作五开间，进深 4.0 米，前檐柱高 4.47 米。前殿与正殿之间设天井，长 13.50 米，宽 6.20 米。正殿为悬山顶，小青瓦屋面，穿斗式结构，面阔 15.0 米作三开间，进深 7.0 米，前檐柱高 6.60 米。

南充市嘉陵区双桂镇田坝会馆戏楼

　　该戏楼位于南充市嘉陵区双桂镇街上的田坝会馆内。田坝会馆又名"万天宫"，据后殿老檐檩上题记"大清乾隆伍拾陆年拾月叁拾黄道穀旦①竖立"可知，会馆建于清乾隆五十六年（1791）。会馆坐西朝东，原由山门、戏楼、书楼、前殿和后殿组成。1977年因办学需要拆除书楼，改建为砖木结构教学楼。

戏楼正面

---

　　① "穀"为"榖"之误写。

山门

戏楼台沿雕花板雕刻

1978 年再拆除前殿，续修教学楼。现存山门、戏楼和后殿，分布在一东西向中轴线上，两侧为 1978 年新建厢楼。田坝会馆因势而建，呈阶梯状分布，戏楼略低于看坝，看坝略低于前殿，前殿略低于后殿。2002 年被列为四川省级文物保护单位。现会馆闲置未用，保护一般。

　　山门为砖石结构的牌坊状建筑，五楼六柱，檐下皆饰如意斗拱。明间辟大门一通，门高 2.9 米，宽 2.0 米，门联刻"功同大禹昭千古"、"德沛苍生祀万年"，小额枋和龙门枋上浮雕人物故事图案，花板上匾镌"利泽及人"四字。正楼檐下镶嵌三块长方形石板，正中一块四周浮雕蟠龙纹，中间刻"万天宫"三字，南北二块各雕福星和禄星。两次楼檐下分别雕"福""寿"二字。

戏楼背靠山门，与山门中间相距 1 米。单檐歇山顶，封闭式山花，小青瓦屋面，施瓦当和滴水。过路台，三面观，分上下两层，上层为戏台，下层为通道。戏台前台移平柱造，通面阔 9.26 米作三开间，其中明间面阔 5.46 米；通进深 10.8 米，其中前台进深 5.54 米。台中以隔断分隔前后台，后台亦三开间。明间隔断中部设一小门，门高 1.65 米，宽 0.80 米，门两侧开窗各两扇。次间隔断有上下场门，门高 2.10 米，宽 0.73 米。明间和次间隔断上部额枋上浮雕戏曲人物故事，隔断顶部施花板，上原有戏画，今漫漶严重，难以分辨。地面至戏楼正脊檩高 9.28 米，其中台口高 4.90 米。前台台沿有雕花板，上雕饰有花草和人物图案；两侧雕花板上施直棂栏杆，栏杆高 1.14 米。角柱为圆木通柱造，通高 6.35 米，柱础高 0.42 米。角柱间施额枋，额枋上浮雕有戏曲人物故事，内容以三国故事为主。角柱外出角枋，承挑檐檩；内出角枋，插入平柱之中。戏楼平柱、金柱和山柱间额枋上均浮雕戏曲人物故事图案。戏楼下层高 2.32 米，四柱三间，明间面阔 5.46 米，原为过路通道，现明间和左次间均加墙改建为小屋形式，仅留右次间作为进出通道。底层左次间内部有木梯可达后台。戏楼两侧各有耳房一间，与后台相通，面阔均为 7.8 米，进深均为 3.27 米。耳房前出廊，与戏台前台相通，廊深 1.40 米；廊前设栏杆，栏杆高 0.86 米。两侧耳房靠近戏楼第一根廊柱与戏楼山柱之间施穿插枋，枋上浮雕戏曲人物故事。穿插枋上部有花板，原有戏画，因年代久远，漫漶严重，难以辨别。

戏楼前有一 300 平方米左右的看坝，看坝后施十三级石踏道上前殿，现前殿已毁，仅剩十块镂空雕石栏板。后殿为单檐歇山顶，抬梁式结构，小青瓦屋面。通面阔 14.80 米作三开间，进深 10.80 米，檐柱高 5.10 米，地面至脊檩高 9.76 米。殿前额枋上均有戏曲人物故事浮雕，以《封神榜》故事为主。

南充市阆中市飞凤镇桥亭村张爷庙戏楼

戏楼位于阆中市飞凤镇桥亭村，原为张爷庙的附属建筑。据当地村民介绍，张爷庙建于清代，坐北朝南，是为纪念"头在云阳，身在阆中"的张飞而建。原张爷庙由戏楼、正殿及东厢房组成，西侧为进出大门。二十世纪五十年代曾一度作为公社办公用房，二十世纪九十年代，因修建村民住房而拆除正殿、东厢房和西侧大门，仅剩戏楼。现戏楼已被某村民改建为休闲娱乐场所，面目全非，但梁架基本保持原貌。

戏楼正面

戏楼内部

关于戏楼修建时间，由戏楼脊檩题记"皇清道光柒年岁次丁亥季秋月念玖日未时上樑大吉穀①旦"可知，戏楼建于道光七年（1827），但是否与张爷庙同时修建，不得而知。又据戏楼上金檩题记"公元一九七四年农历七月二十二日金星公社八大队修建"可知，该戏楼于1974年进行过重修或培修。据改建戏楼的村民介绍，原戏楼为单檐歇山顶，分上下两层，上层为表演区，下层为厢房（不作为通道用）。2008年因汶川地震屋顶有所毁坏，为安全起见，他将戏楼改建。今戏楼为红瓦屋面，穿斗抬梁式混合式梁架，通面阔10.28米作三开间，其中明间3.46米；通进深6.67米，其中前台进深4.12米。戏楼以砖墙分隔前后台。后台与前台面阔相同，加间壁隔为三间小屋，有门与前台相通。戏楼前檐为四根通柱，其中平柱为圆木柱通柱造（下部隐然砌出），角柱为砖砌石柱。平柱高4.81米，柱础高0.36米。戏楼下高2.14米，亦为三开间，均被加墙改建为小屋形式，下层右侧有木梯可达前台。

---

① "穀"为"榖"之误写。

南充市阆中市飞凤镇台子坝戏楼

　　该戏楼位于阆中市飞凤镇街上，建于清代①。在 2008 年因汶川大地震中有所毁坏，后经过维修，但维修得比较粗糙，不太专业。2010 年被列为阆中市级文物保护单位。现为阆中市老年体育协会飞凤镇体协分会老年活动中心。

戏楼正面

---

① 阆中市人民政府网 2010 年 5 月 31 日公布的《阆中市第四批市（县）级文物保护单位名单》："台子坝戏楼　清　飞凤镇居委会。"

戏楼背侧面

　　戏楼坐西朝东，地处斜坡，因势而建。因戏楼前的看坝平面整体比戏楼高1.62米，戏楼下层正面部分被遮，仅露出1.16米。戏楼分上下两层，上层为表演区，下层为住房，下层高2.78米。单檐歇山顶，小青瓦屋面，施瓦当和滴水。镂空式山花，抬梁式梁架。一面观。戏台面阔7.23米作一开间，通进深6.91米，其中前台进深4.30米。台中以隔断分隔前后台，隔断两侧有上下场门，门高2.18米，宽1.24米。前檐角柱为圆木柱通柱造，下部隐然砌出。角柱间施额枋。角柱外出斜撑，与从角部伸出之角枋承挑檐枋。台沿右侧有石踏道可达前台。戏楼南北两侧各有耳房一间，悬山顶，小青瓦屋面，面阔均为3.45米，进深均为6.24米，分上下两层，其下层与戏楼下层相通，其上层与戏台前台相通，作乐队伴奏和演员化妆之用。

南充市阆中市河溪镇河溪关戏楼

戏楼背面牌坊

该戏楼位于阆中市河溪镇老街上。戏楼以建于清代末年的牌坊作为后墙修建而成，巧妙地与牌坊合二为一。牌坊为四柱三间三楼木牌楼，其明间柱以石柱夹撑，明间柱间现有匾额一块，上书"河溪关"三字。

戏楼始建时间不详，但据梁上题记"民国三十五年农历小阳月朔八日复建"可知，现存戏楼为"民国"三十五年（1946）复建。戏台右侧有"牌坊维修颂"匾，上载2006年培修戏楼时捐款单位和个人名单。2010年阆中市人民政府公布为市级文物保护单位。现戏楼左右修满了楼房，未建有进入戏台的通道，登上戏台必须借助梯子。现在戏楼前后台垃圾遍地，十分肮脏。

戏楼坐东南朝西北，为过路台，骑街而立，一面观。单檐歇山顶，小青瓦屋面，正脊饰双龙吻葫芦宝顶，屋面塑两仙人立像。穿斗抬梁式混合式结构。戏台通面阔5.94米作三开间，其中明间3.59米；通进深6.65米，其中前台进深4.62米。台上以墙隔断分前后台，隔断两侧有上下场门，门高2.17米，宽0.85米。

戏楼正面

戏台现状

前檐四柱为圆木柱通柱造，平柱通高6.40米，柱础高0.55米，其中下高2.82米。平柱与角柱间以花牙子连接，角柱斜撑较长，与从角部伸出之角枋承挑檐檩。台沿照面枋由雕花板组成，上彩绘花草图案。戏楼下层由12根原木柱支撑。素面台基，基高0.8米。

南充市阆中市治平乡治平寺戏楼

　　该戏楼位于阆中市治平乡街上，原为治平寺附属建筑。治平寺建于清道光二十八年（1848），坐西朝东，由山门、戏楼、正殿和南北厢房组成，整体呈四合院布局。新中国成立后，一度作为治平乡政府驻地。二十世纪九十年代，因修建治平乡敬老院而拆除治平寺正殿及南北厢房，戏楼台面也于此时拆除。现仅存戏楼及其耳房。耳房已被改建，住有居民。戏楼也破损严重。2010 年被列为阆中市级文物保护单位。

　　戏楼坐东朝西，背靠治平寺山门，山门现已加砖墙封闭。由戏楼脊檩和

戏楼正面

檐檩题记可知①，戏楼建于清道光二十八年（1848），光绪六年（1880）进行过培修。戏楼为单檐歇山顶，小青瓦屋面，施瓦当。封闭式山花。抬梁式梁架。过路台，一面观，分上下两层，上层为表演区，下层为过路通道。戏台通面阔7.57米作三开间，其中明间面阔4.15米；通进深7.05米，其中前台进深5.44米。根据被拆除痕迹，可以看出台中原有隔断分隔前后台，两侧有上下场门，且次间隔断比明间隔断靠前。地面至戏楼正脊檩高6.54米，其中下层高2.25米。戏楼为圆木通柱造，上下两层由14根通柱贯通。前檐四柱间施额枋。

戏楼梁架

---

① 戏楼脊檩上题记："大清道光贰拾八年戊申月建癸亥二十四日甲子申酉时竖立题。"檐檩上题记："大清光绪六年十月二十五日木匠叶子才，泥水匠叶子贵、叶子均；六朋总领培补乐楼叶子□、张贵、杜顺、屈能和、何炳□、邓国洪、李治坤、张得喜、李大才、王永□谨。"

南充市阆中市金垭镇五郎坪村戏台

　　该戏台位于南充市阆中市金垭镇五郎坪村。据五郎坪当地居民介绍，该戏台为民国时期修建，新中国成立后曾进行过培修。最近几年又进行过培修，更换腐朽的构件，但材料简陋，工艺粗劣，使得戏楼显得寒碜。加上很少有演出或者其他文化活动，戏楼缺乏管理和保护。

　　戏台坐西朝东，单檐歇山顶，收山明显，小青瓦屋面，镂空式山花，穿斗抬梁混合式梁架。三面观（现戏台两侧砌墙，使戏台呈一面观）。通面阔 7.13

戏台正面

戏台内部

米作三开间，其中明间面阔 3.72 米；通进深 7.14 米，其中前台进深 4.51 米。台中以隔断分隔前后台。明间隔断两侧设上下场门，门高 1.86 米，宽 0.81 米。次间隔断比明间隔断前靠 1.02 米，使后台呈"凹"字形。台面至正脊檩高 5.40米，其中台口高 3.22 米。戏台因建在斜坡之上，地基前高后低，戏台台沿正面至地面高 1.78 米，此为地基最高数据。台基前部中空，进深为 2.21 米。

南充市阆中市裕华镇城隍庙垭村戏楼

　　该戏楼位于南充市阆中市裕华镇城隍垭村。据脊檩上题记"大清乾隆戊寅季季秋月贰拾捌日巳时竖立"可知，戏楼建于清乾隆二十三年（1758）。后屡遭损害，多次培修。2003 年被列为阆中市级文物保护单位。现戏台内部堆满杂物。

　　戏楼坐北朝南，单檐歇山顶，收山明显，小青瓦屋面，施瓦当和滴水。正脊正中塑宝瓶，两端塑鸱吻。戗脊前端亦塑套兽。镂空式山花，抬梁式结构。过路台，一面观。戏台通面阔 6.88 米作三开间，其中明间 4.21 米；通进深 6.59 米，其中前台进深 4.32 米。台上以隔墙分隔前后台，两侧设上下场门，门高

戏楼正面

戏楼背面

2.12 米，宽 1.11 米。前台两侧原有墙壁被拆，现改建为木栏板，栏板高 1.1 米。东西次间前设栏杆，栏杆高 1.0 米。后台后墙壁正中现开窗一扇，右次间后墙辟有方形门一通。地面至脊檩距离 6.08 米，台口高 2.41 米。前檐四柱为圆木柱通柱造，下部隐然砌出。角柱通高 4.35 米。戏楼下层高 1.90 米，原为过路通道，现加砖墙封闭，改建为小屋形式，为民房使用。背面开门一扇。内部左侧有一木梯可上至戏台后台。

南充市阆中市裕华镇老土地村戏楼

　　该戏楼位于南充市阆中市裕华镇老土地村。据脊檩上题记"大清道光拾四年季夏月二十四日未时竖立"可知，戏楼建于清道光十四年（1834）。后屡遭损害，多次培修。2010年被列为阆中市级文物保护单位。现戏楼长期闲置未用，台上堆满杂物，缺乏应有的保护。

　　戏楼坐北向南，单檐歇山顶，筒瓦屋面，正脊两端塑鸱吻，戗脊前端亦塑鸱吻。封闭式山花，穿斗抬梁混合式梁架。过路台，一面观。戏台通面阔8.72

戏楼正面

戏楼背面

戏楼后台

米作三开间，其中明间 4.78 米；通进深 8 米，其中前台进深 4.94 米。台中以木质隔断分隔前后台，明间隔断两侧设上下场门，门高 2.76 米，宽 0.97 米。前檐四柱为圆木柱通柱造，下部隐然砌出。四柱间施额枋，柱间均有雀替。四柱均外出枋，承挑檐枋。角柱通高 4.84 米。地面至戏楼正脊檩高 5.94 米，其中台口高 3.6 米。戏楼下层高 1.6 米，原为过路通道，今加条石封闭，改建为小屋形式，现作为附近居民的仓库使用，仅东次间开门一扇。

南充市南部县碑院镇戏楼

　　该戏楼位于南充市南部县碑院镇街上。戏楼现只有台面木板和屋顶为原戏楼所有，其余部分于 20 世纪 80 年代被改建成砖石结构。2014 年 4 月笔者前往实地考察，据当地老龄协会的老人介绍，戏楼为晚清所建。

　　戏楼坐东向西，为单檐歇山顶，小青瓦屋面，镂空式山花，一面观。面阔 8.21 米作一开间，通进深 8.34 米，其中前台进深 5.48 米，台中以砖墙分

戏楼正面

戏楼背面

隔前后台，后台现被隔成三间，有门与前台相通，后台背面墙壁上各有现代玻璃窗一扇。台口高 3.20 米，台口安有活动门，有文艺活动时，才将门打开，平时关闭，使戏台呈一封闭空间，作茶楼使用。戏楼下层高 2.5 米，现作为商铺使用，前后各开一门。戏楼北面有石梯可至戏台。戏楼下层正面大门右侧挂有"南部县碑院镇老龄协会"竖匾一块。

南充市南部县永红乡石板桥村石板庙戏楼

　　该戏楼位于南充市南部县永红乡石板桥村 4 社，在石板庙对面约二十米处。石板庙坐北朝南，建造时间不详，现存前殿、左右配殿和正殿。据戏楼脊檩梁上题记"清乾隆二十年……"，可知戏楼建于清乾隆二十年（1755），现破损不堪，缺乏保护。

　　戏楼坐南朝北，为过路台，一面观。屋顶为单檐歇山顶，檐角飞翘，正脊上塑二龙戏珠。小青瓦屋面，施瓦当和滴水。封闭式山花，穿斗抬梁混合式结构，正面明间檐下密布如意斗拱。戏台通面阔 7.72 米作三开间，其中明间 4.67 米；通进深 6.82 米，其中前台进深 4.20 米。台中以木质隔断分隔前后

戏楼正面

台。次间隔断两侧设上下场门，门高 1.95 米，宽 1.10 米。明间隔断上方挂有横匾一块，上书"观今鉴古"四字，横匾上面镂空雕刻二龙抢宝。台中顶部饰海墁天花，由九块木板拼接而成，天花上原有戏画，因年代久远，脱落严重，不可辨别。前檐四柱为圆木通柱造，角柱通高 5.10 米，其中上柱高 3.06 米。平柱为盘龙柱。角柱与平柱间额枋上彩绘花草图案。四柱均外出枋，承挑檐枋。戏台前沿照面枋上雕刻有动物图案，现已模糊不清。

戏楼侧面

戏楼正面（远景）

戏楼下层高 2.04 米，原为过路通道，今加墙壁封闭，改建为小屋形式。戏楼下层右次间有石踏道可达前台。戏楼东西两侧各有耳房一间，砖石结构，疑为今人所建，悬山顶，小青瓦屋面，面阔 2.87 米，进深 4.65 米，与戏楼下层相通。其中东侧耳房屋顶已破败不堪。

石板庙前殿为悬山顶，通面阔 10.10 米作三开间，进深 5.5 米。明间正中开门一扇，作过路之用，殿内供奉主神为释迦牟尼。前殿东西两侧配殿面阔均为 9.5 米，进深均为 5.5 米。其中西配殿已被改建成现代砖石结构，前设廊，上盖遮雨棚。东配殿外墙壁上挂有"永红乡老龄协会石板庙分会"牌匾一块。正殿为悬山顶，面阔 25.0 米，进深 10.21 米。基高 0.6 米。殿内供奉主神为释迦牟尼。

南充市南部县谢河镇城东村王爷庙乐楼

　　该乐楼位于南充市南部县谢河镇城东村，在王爷庙对面约二十米处。王爷庙坐东北朝西南，建于清代，由正殿、配殿和两侧厢房组成，整体呈四合院布局。其左厢房于二十世纪九十年代修建学校时拆除。王爷庙现为谢河镇幼儿园使用。2006年被公布为南部县文物保护单位。据乐楼戏台隔断上悬挂的《谢河镇整修乐楼序》横匾上的文字上记载，乐楼建于清代，经过历次培修，最近一次培修是1995年。戏楼现作为危楼，台沿贴有"此房危险，请绕道通行"的警示牌。戏台的前后台堆满柴草、桌凳、农具等杂物。

乐楼正面

乐楼坐西南朝东北，单檐歇山顶，封闭式山花，筒瓦铺面，琉璃剪边，正脊檩饰双龙，抬梁式结构。过路台，三面观。前台面阔 7.76 米作二开间，其中明间面阔 4.05 米；通进深 8.95 米，其中前台进深 4.75 米。台中以木质隔断分隔前后台。明间隔断两侧设上下场门，门高 2.30 米，宽 0.84 米。左门楣上挂有"清歌"扇形匾，右门楣上挂有"雅颂"扇形匾。两侧门柱上楹联一副，左为"古今大舞台成败兴亡惟过眼"；右为"神宇新天地浓妆淡抹尽开颜"。两次间隔断的金柱上亦有楹联，但因被杂物遮挡，无法识别

乐楼背面窗户

戏台内部

楹联。次间隔断比明间隔断靠前 1 米，使后台呈"凹"字形。地面至脊檩距离 8.88 米，其中台口高 3.58 米。乐楼四周檐下以木条和木板遮隔檐顶，成天花。乐楼前檐四柱为圆木通柱造，角柱通高 5.78 米。四柱间均施雀替，四柱前均施斜撑；角柱斜撑较长，与从角部伸出之角枋承挑檐枋。戏台前沿照面枋施雕花板，上浮雕戏曲人物图案，内容多为《红楼梦》《西游记》《西厢记》里面的人物故事。乐楼山柱及后檐柱均为圆木柱通柱，均施斜撑，斜撑上均彩绘花草图案。乐楼背后墙壁上挂有"乐楼茶园"牌匾一块。乐楼下层高 2.20 米，作过路通道。乐楼两侧各有耳房一间，有门与后台相通。右侧耳房面阔 3.05 米，进深 3.20 米；左侧耳房面阔 1.10 米，进深 3.0 米。

王爷庙正殿为单檐歇山顶，小青瓦屋面，面阔 19.5 米作五开间，进深 9.23 米，基高 1.21 米。配殿为悬山顶，小青瓦屋面，面阔 3.80 米，进深 4.80 米。右厢房为悬山顶，小青瓦屋面，面阔 4.71 米，进深 5.10 米。

南充市南部县永定镇梨子垭村戏楼

　　该戏楼位于南充市南部县永定镇梨子垭村。戏楼前有看棚，据当地老人讲，看棚与戏楼为同时修建。由看棚顶脊檩上题记"中华民国二年岁在癸丑孟秋月建庚申望五日建己巳吉时众姓公立"可知，戏楼始建于"中华民国"二年（1913）。新中国成立后戏楼和看棚遭到损害，经过维修，将戏楼的木柱换为砖柱。最近一次维修是在2005年。2011年被列为南部县文物保护单位，并挂有"重点保护古民居，严禁随意拆修"的告示牌。现戏楼未被妥善保护，

看棚和戏楼

戏楼背侧面

戏楼正面

戏台内部

台上和台下均堆满柴草、木料等杂物，潮湿不堪。

　　戏楼坐北朝南，重檐六角攒尖顶，小青瓦屋面。三面观，过路台，上层为表演区，下层为过路通道。前台省去平柱呈一间之势，面阔 6.76 米；通进深 6.75 米，其中前台进深 4.40 米。台中以木质隔断分隔前后台，隔断两侧设上下场门，门高 2.45 米，宽 0.77 米。上下场门两侧的隔断前靠 0.70 米，使后台呈"凹"字形。正中隔断上彩绘动物图画一幅。地面至脊檩高 9.10 米，其中台口高 3.76 米。戏台两侧有栏杆，栏杆高 1.02 米。戏楼檐柱上原有楹联"别笑布衣小褂尽颂新人新事，莫看粗手粗脚全是自编自演"，现已不存。戏楼下层为过路通道，高 2.03 米，四柱三间，其中明间面阔 3.45 米。下层内部右侧原有石踏道可上达前台，现石踏道已被拆除。戏楼前立有石狮一对，为始建戏楼时所置，保存较好。看棚为卷棚顶，小青瓦屋面，抬梁式结构，宽 7.75 米，长 10.65 米。

南充市南部县永定镇戏楼

　　该戏楼位于南充市南部县永定镇街上。据脊檩上题记"大清道光二十……建修总领……"可知，戏楼建于清道光年间。现戏楼保存一般，有些破旧。

　　戏楼坐东朝西，单檐歇山顶，收山明显，封闭式山花，小青瓦屋面。正脊正中塑宝瓶，两端塑鸱吻。戗脊前端塑龙吻，垂脊前端塑套兽。抬梁式结构。过路台，三面观。戏台通面阔7.71米作三开间，其中明间面阔3.89米；通进

戏楼正面

深 7.72 米，其中前台进深 4.91 米。台中以木板隔断分隔前后台。后台亦三开间，次间隔断设上下场门，门高 2.0 米，宽 0.93 米。次间隔断比明间隔断靠前 0.95 米，使后台呈"凹"字形。隔断背面原有舞台题记，现已模糊不清。明间隔断上有彩绘，上为"九龙吐珠"，下为"老寿星"。台面两侧设栏板栏杆，栏杆高 0.98 米；左右次间正面亦设栏杆，高 0.87 米。戏台内部两侧墙壁上部有戏画四幅，为今人所画。前檐四柱为圆木柱通柱造，角柱通高 5.18 米，柱础高 0.42 米。

戏楼侧面

戏台内部

四柱前均设斜撑，角柱斜撑较长，与从角部伸出之角枋承挑檐檩。戏楼右侧平柱上挂有一牌匾，上书"南部县永定镇老龄协会""老年体育协会""关心下一代工作委员会"等字。前台额枋上原有戏画三幅，今已不存，据当地老人回忆，右边为《挡相》，中间为《牛皋扯纸》，左边为《挡幽》。戏楼下层高 1.78 米，原为过路通道，现加木板封闭，改建为小屋形式。下层左侧外部有石踏道可达后台。

南充市蓬安县银汉镇戏楼

　　该戏楼位于南充市蓬安县银汉镇街上。戏楼具体建造时间不详，据当地人介绍建于清代，又据正脊枋上题记"公元一九八五年季夏初六日立""蓬安县银汉乡人民政府改建"可知，戏楼于1985年被改建过。笔者于2014年4月前往实地考察时发现戏楼角柱间悬挂"蓬安县银汉镇成立民间传统文化研究保护协会挂牌仪式"横幅，而横幅后面的戏楼破败不堪，极具讽刺意味。

戏楼正面（远景）

戏楼为骑街而立的过路台，坐北朝南，单檐歇山顶，收山明显，封闭式山花，抬梁式结构，正脊两端饰鸱吻，一面观。戏台移平柱造，通面阔8.70米作三开间，其中明间面阔4.61米；通进深10.60米，其中前台进深7.60米。台中以隔断分隔前后台，后台亦面阔三间。明间隔断现已拆除，次间隔断两侧原有上下场门，今已被加墙封闭。地面至戏楼正脊檩高6.65米，其

戏楼正面

戏楼背面

中台口高3.45米。戏楼平柱和角柱为圆木柱通柱造，角柱通高5.10米，柱础高1米。角柱和平柱的柱础上均有戏曲人物和花草浮雕。角柱间施额枋，角柱和平柱间亦施枋。挑檐枋出垂柱四根，前檐四柱外出枋，插入垂柱中。戏台前沿照面枋由雕花板组成，上雕饰的图案现已不存。戏楼下层为四柱三间，高2.60米，其中明间作为过路通道，次间加墙改建为小屋形式，纵深作两开间，现作为民房使用。戏楼下层内部东侧有七级木踏道可达后台。

南充市蓬安县巨龙镇盘龙庙戏台

戏楼正面及东侧看楼

该戏楼位于南充市蓬安县巨龙镇街上，本为盘龙庙的附属建筑。据南充市蓬安县巨龙镇政府官网介绍，盘龙庙又叫财神庙，院内有一戏台。新中国成立后拆除古庙，作为盘龙乡机关驻地。现原古庙遗迹已不复存在，保存下来的仅有戏台和东侧看楼，但均于 1999 年被改建，现为巨龙中心小学校所用。①

笔者于 2014 年 4 月前往实地考察，在巨龙中心小学一位教师的指引和介绍下，估测到戏楼相关数据。戏楼为悬山顶，坐南朝北，原为四柱三间，通面阔 9.68 米，其中明间面阔约 5 米；通进深 9.29 米。台中以木质隔断分隔前后台，隔断两侧设上下场门。地面至脊檩距离 7.75 米，其中台口高 5.30 米，下层高 2.40 米。戏楼左侧有一石踏道可达前台。戏台东侧还存有一看楼，悬山顶，小青瓦屋面，穿斗式梁架，通面阔 12 米作三开间，进深 3.7 米，通高 6.5 米。分上下两层，其中下层高 3.1 米。二层有走廊，走廊深 0.9 米，廊设栏杆，高 1.09 米。

---

① 《盘龙庙》，http://www.scxxty.cn/template/7/721/detail.aspx?cid=3072&id=7277&wid=246.2014.4.27。

南充市仪陇县来苏乡戏楼

　　该戏楼位于南充市仪陇县来苏乡街上。笔者于2014年4月前往实地考察，据当地人介绍，戏楼对面约三十米处原有来苏寺。据传苏东坡曾来过此地，后来当地居民建寺以示纪念，名为来苏寺。来苏寺建筑时间不详，原有戏楼、山门、前殿，两侧厢房和正殿，七十年代因修建场镇，寺庙整体被拆，仅存戏楼。据戏楼脊檩上题记"大清光绪式拾九年岁次癸卯月建癸亥日逢甲子申时立"可知，戏楼建于清光绪二十九年（1903）。戏楼现作为来苏乡老年活动基地，保存一般。

戏楼正面（下层现为棺材铺）

戏楼坐东向西，单檐歇山顶，小青瓦屋面，封闭式山花，檐角微翘，抬梁式梁架。过路台，一面观。戏台移平柱造，通面阔 8.10 米；通进深 7.53 米，其中前台进深 4.69 米。台中以木板隔断分隔前后台。后台面阔三间，明间隔断两侧设上下场门，门高 1.73 米，宽 0.73 米。次间隔断比明间隔断前靠 1.0 米，使后台呈"凹"字形。明间隔断上彩绘九龙图案，因年代久远，颜料脱落，仅依稀可见。角柱和内移的平柱之间有穿插枋。角柱间施额枋。戏楼地

戏楼对面

戏台内部

面至正脊檩高 8.70 米，其中台口高 4.24 米。据当地人介绍，戏楼前台内部四周墙壁上原有戏画，"文革"时被毁。戏楼下层原为通道，高 2.60 米，后来后部和正面用条石围砌，仅正面中间辟有拱券门一通，作为棺材铺。戏楼下层北侧有七级石踏道可上戏台。戏台两侧各有耳房一间，悬山顶，小青瓦屋面，面阔均为 3.70 米，进深均为 3.50 米，有门与戏台前台相通。

南充市西充县仁和镇观音殿戏楼

该戏楼位于南充市西充县仁和镇场镇东北的观音殿内。观音殿坐南朝北，据李同周、赵威《观音殿：历经岁月剥蚀风韵犹存》一文介绍，观音殿"建筑面积约 600 平方米。该殿由前殿、正殿、后殿以及左右厢房构成，由北向南有明代修筑的前殿、正殿，清代康熙年间修建的后殿。前殿、正殿、后殿间相距 15 米，东西配置的厢房与前殿、正殿、后殿和殿门相连，形成封闭的四

戏楼正面

133

观音殿山门

合院"。^①又，笔者 2014 年 4 月前往实地考察时，于山门脊檩上发现题记"大清道光式拾叁年秋九月拾叁日重建"，由此可知，观音殿前殿、正殿始建于明代，后殿建于清康熙年间，道光二十三年（1843）重建。现观音殿正殿已被改建为电影院，西厢房和后殿均于二十世纪九十年代拆除，现存山门、前殿（戏楼）和东厢房，1983 年被列为县级文物保护单位，2012 年被列为四川省级文物保护单位。现为仁和农民文化宫使用。

山门为歇山顶，小青瓦屋面，施瓦当和滴水，通面阔 12.10 米作三开间，进深 8.0 米，高 4.67 米。明间作过路通道，设圆形门，门高 2.30 米，宽 2.30 米，现大门上写有"仁和农民文化宫"几字。两侧次间现已改为商铺。山门与前殿有石桥相连，石桥长 3.30 米，宽 1.17 米。

前殿为重檐四角攒尖顶，小青瓦屋面，施瓦当和滴水。楼分三层，上层供奉神像，中层为戏台，下层为通道。笔者前往考察时，因前殿已遭改建，无法登上顶层，但据当地居民介绍，顶层较小，原供奉魁星神像，今已将神像拆除。

---

① 李同周、赵威：《观音殿：历经岁月剥蚀风韵犹存》，《南充日报》2013 年 9 月 21 日第 A03 版。

　　二层戏台原为一面观，现加墙将台口封闭，改建为小屋形式，作为居民住房。戏台面阔 5.26 米，进深 9.20 米。据现居住在观音殿的居民介绍，台中原有分隔前后台的木隔断，两侧有上下场门，但现木隔断及上下场门均已被拆。二层表演区两侧各有耳房一间，面阔均为 3.80 米，进深 2.65 米；前有廊，廊深 1.24 米，廊前设栏板，栏板高 0.86 米，廊与前台相通。戏楼前两角柱直达二层檐枋，通高 6.30 米，其中台口高 3.30 米。角柱斜撑较长，与从角部伸出之角枋承挑檐檩。戏台前沿照面枋上置罗汉栏杆，栏杆上贴有"文化大楼"几字。

　　下层通面阔 11.10 米作三开间，其中明间面阔 4.20 米，进深 7.60 米，下层高 3.0 米。下层明间作为过路通道，两次间原作供奉神像之用，今神像无存，作为茶馆。

　　观音殿东侧厢房，分上下两层，通面阔 12.45 米作三开间，檐柱通高 4.5 米，其中下层檐柱高 1.85 米。上下两层前均有走廊，设栏杆，廊深 1.10 米，栏杆高 1.0 米。厢房明间前有七级石踏道以供上下。

南充市西充县双凤镇武庙戏楼

该戏楼位于南充市西充县双凤镇街上的武庙内，为武庙的附属建筑。武庙坐北朝南，由正殿梁、檩上题记可知，武庙始建于清乾隆二十五年（1760），重建于清道光二十六年（1846）。其戏楼和正殿均在南北向中轴线上，东西两侧施以厢房，整体呈四合院布局。1987年被列为西充县级文物保护单位，2012年被列为四川省文物保护单位。现武庙保存较为完整，为双凤镇老年活动中心。

戏楼正面

戏台内部

戏楼坐南朝北，背靠山门，悬山顶，小青瓦屋面，施屋顶和滴水。过路台，一面观。戏台面阔 5.97 米作一开间，进深 5.28 米。据武庙现负责人讲，台中不分前后台。地面至戏楼正脊檩高 7.26 米。台口现已砌墙封闭，辟窗三扇，内作棋牌室。戏台前沿照面枋上雕有花草图案，现损坏严重。戏楼角柱为圆木柱通柱造，通高 5.00 米，其中下层柱高 2.40 米，柱础高 0.34 米。戏楼东西各有耳房一间，面阔均为 5.57 米，进深均为 5.24 米，前出廊，廊深 0.85 米，廊与戏台相通。廊前施栏板，栏板高 0.90 米。戏楼后墙为山门，墙正中开一圆门，作过路之用，门高 2.10 米，宽 2.10 米，门前有十级石踏道以供上下，门上悬挂"双凤镇老年活动中心"横匾一块。

东西厢房为悬山顶，小青瓦屋面，亦作看楼使用，通面阔 7.80 米作两开间，进深 3.21 米。分上下两层，地面至脊檩高 4.85 米，其中下层高 2.48 米。二层檐柱上均施斜撑，斜撑上浮雕花草图案，因年代久远，风化严重，加之人为破坏，难以辨别。二层前有走廊，设栏板，走廊深 0.85 米，栏板高 0.90 米。

正殿为悬山顶，小青瓦屋面，穿斗抬梁混合式结构，通面阔 10.40 米作三开间，进深 7.45 米，地面至正殿正脊檩高度为 5.84 米，基高 2.7 米，前有 12级石踏道可供上下。前出廊，廊深 3.77 米，廊柱高 4.01 米。两明间檐柱为盘龙柱，狮形柱础。前金柱高 4.85 米，后金柱高 6.21 米，山柱高 4.91 米。正殿后墙开门一扇，门高 3.41 米，宽 2.57 米。

内江市资中县重龙山东岳庙戏楼

　　该戏楼位于内江市资中县城东北一里处的重龙山东岳庙内。从立于山门前的《鄂军军事会议会址 东岳庙简介》碑上可知，东岳庙为奉祀东岳大帝而建，始建于宋代，明万历二年（1574）重修，清乾隆二十四年（1759）补修。原建筑规模不详，现仅存山门和戏楼，其余建筑均被拆除，资中县教师进修学校在原址新建教学用房。笔者于2014年5月前往实地考察时，发现戏楼梁柱、墙壁、楼板均有破损，檐柱上贴有"此处危险"等告示牌。

　　山门为砖石结构的牌坊状建筑，通面阔7.0米，四柱三间五楼。正楼下开

戏楼正面

东岳庙山门（戏楼背面）

门一扇，作过路之用，门高 3.0 米，宽 2.1 米，前施十级石踏道。现正门上题版位置贴有烫金字"资中县教师进修学校"，门两边挂"内江广播电视大学资中分校"和"资中县教育系统反腐倡廉教育基地"两块牌子。

戏楼背靠山门，坐西向东，单檐歇山顶，收山明显，筒瓦屋面，施瓦当和滴水。正脊正中塑葫芦宝瓶，两端塑鸱吻。戗脊直达正脊，与垂脊呈夹角，戗脊和垂脊皆有套兽。各条脊身上雕刻有各种动物图案，但现已破坏严重。过路台，三面观，但现在戏台前台两侧砌墙，使戏台仅呈一面观。戏台省平柱呈一间之势，面阔 8.15 米；通进深 9.0 米，其中前台进深 4.91 米。台中以隔墙分隔前后台，两侧有上下场门，门高 1.86 米，宽 0.72 米。台中室内饰天花，台面至天花板距离 4.53 米，天花板上原绘有戏画，现已模糊不清，难以辨认。角柱为通柱造，高 6.40 米，其中下层柱高 2.62 米，柱础高 0.46 米。角柱间施额枋，于平柱位置出垂花柱。角柱间有雀替。挑檐枋亦出垂花柱四根。角柱外出斜撑，且上透雕有戏曲人物，与从角部伸出之角枋承挑檐枋及其垂花柱。老角梁出龙头，仔角梁飞翘。戏台台沿有照面枋。戏楼下层为通道，北侧有十二级木踏道可达戏台前台。戏楼两侧各有耳房一间，其中北侧耳房现已垮塌，南侧耳房面阔 3.70 米，进深 4.21 米，前有廊与戏台前台相通，廊深 0.97 米，廊前栏杆高 0.76 米。

内江市资中县南华宫戏楼

　　该戏楼位于内江市资中县中顺街的南华宫内。据大门内左侧所立《南华宫简介碑》可知，南华宫是粤籍人修建的广东会馆，始建时间不详，清道光十七年（1837）年被州牧舒翼改置为凤鸣书院，民国时先后更为粤东小学、岭南小学。南华宫坐北朝南，原由山门、戏楼、耳楼、内坝、正殿、寝殿、中殿、后殿、东西厢房和钟鼓楼组成，现仅存戏楼（已改建）、寝殿、中殿和

戏楼正面

戏楼正脊雕塑

戏楼雀替

后殿。现为资中县党校所在地。2007年被列为四川省级文物保护单位。

戏楼坐北朝南，现仅屋顶保持原貌，其余部分均已改建成砖石结构，作为资中党校教室。屋顶为单檐歇山顶，筒瓦屋面，施瓦当和滴水。正脊正中塑葫芦宝瓶，宝瓶下塑三人物。垂脊前塑套兽。笔者根据原来的结构测量，戏台通面阔13.5米作三开间，其中明间5.90米，通进深7.43米。前檐通柱高5.53米，柱础高0.46米。檐柱外出斜撑，承挑檐枋及其所出的垂花柱。斜撑上均有戏曲人物故事浮雕。戏楼背面四根檐柱上亦有斜撑，上覆戏曲人物故事浮雕。老角梁出龙头，仔角梁飞翘。

戏楼正对寝殿，寝殿为歇山顶，筒瓦屋面，施瓦当和滴水；面阔14.50米作三开间，进深12.60米；檐柱高5.11米，柱础高0.49米，基高0.7米。寝殿前装饰石栏板，栏板上有戏曲人物故事浮雕。寝殿四周为廊道，东西两侧是三拱小旱桥。廊道上共有十二根柱子，上有斜撑，斜撑上覆戏曲人物故事浮雕。寝殿背后为中殿，中殿为悬山顶，抬梁式，面阔16.40米，进深10.42米，前檐柱高4.93米。关于后殿，笔者实地考察时正在维修。

遂宁市蓬溪县文井镇花池塘村精忠祠戏楼

　　该戏楼位于遂宁市蓬溪县文井镇花池塘村的精忠祠内。据自称为岳飞后人的岳泽淮先生介绍："精忠祠始建于康熙二年（1663），后毁于火灾。嘉庆四年（1799）重修，道光十七年（1837）培修，2000 年也有过培修。"①正堂老檐檩上有题记："道光十七年岁序丁酉仲冬月初十日申时建柱戌时上樑祖德宗功富贵绵远矣。"祠堂坐东北朝西南，中轴线上依次排列山门、戏楼和正堂，两侧为廊楼，整体呈四合院布局。精忠祠在二十世纪九十年代曾作为村小学使用过，小学搬走后，祠堂无人管理，导致祠堂大部分墙体、屋面及楼板损坏。2006—2007 年文井镇的岳氏家族对其实施了全面修缮。2005 年被列为蓬溪县级文物保护单位，2012 年被列为遂宁市级文物保护单位。现宗祠因地处偏僻，缺乏管理，祠内杂草丛生。

　　山门为四柱三间，前出廊，明间正中开门一扇，作过路之用。门额上方挂有横匾，上书"精忠祠"三字。戏楼坐西南朝东北，背靠山门，单檐歇山顶，小青瓦屋面，封闭式山花，抬梁式梁架。过路台，三面观，分上下两层，上层为戏台，下层为通道。台中区分前后台的隔断已拆。戏台面阔 10.0 米作三开间，其中明间 7.82 米；进深 4.12 米。台口有护栏。次间正面现被木板封闭，上开有圆形窗户。前台左右两侧施栏杆，栏高 0.83 米。后台有一木台，长 3.50 米，宽 0.86 米，高 1 米，供演员化妆和临时睡觉之用，亦可作神龛。前檐为四根圆木通柱，柱础高 0.36 米，角柱通高 5.57 米，其中下层柱高 2.13 米。前檐四根通柱上均有楹联。

　　戏台两侧各有耳房一间，耳房上层与戏台后台相通。廊楼为悬山顶，面

---

① 笔者于 2014 年 5 月 21 日前往精忠祠实地考察，采访岳泽淮先生。

戏楼正面

祠堂山门

阔 17.10 米作三开间，上层作可作观剧场所。廊楼前檐柱为圆木通柱造，柱高
4.34 米。正堂与戏楼相对，悬山顶，抬梁式梁架，通面阔 13.55 米作五开间。
正堂前施八级石踏道，踏道下左右两侧各有石狮一尊。

遂宁市蓬溪县任隆镇鲁班村蒋氏祠戏楼

　　该戏楼位于遂宁市蓬溪县任隆镇鲁班村 4 社的蒋氏祠内。祠堂建于清同治十年（1871），坐西北朝东南，在中轴线上依次排列为山门、戏楼和正堂，两侧为厢房，整体呈四合院布局。祠堂在二十世纪九十年代前曾作为村小学使用过，学校搬迁后，无人使用，加之年久失修，导致墙体、门窗等损坏严重。2006 年祠堂被列为蓬溪县级文物保护单位。现在祠堂更加破败不堪，已成为危房。

　　山门为单檐歇山顶，上覆小青瓦，通面阔 7.6 米。正中开门一扇作过路之用，门高 2.32 米，宽 1.78 米。前出廊，两廊柱前有石狮两尊。

　　戏楼坐东南朝西北，背靠山门，正对正堂。单檐歇山顶，小青瓦屋面，

祠堂山门

戏楼正面

戏楼门内

穿斗抬梁混合式。过路台，三面观，分上下两层，上层为戏台，下层为通道。戏楼台板已拆，仅存大木结构。戏台通面阔 7.61 米作三开间，其中明间 5.60 米；通进深 6.40 米。分隔前后台的隔断已毁，隔断两侧的上下场门略向前靠，使后台呈"凹"字形。前檐四柱为圆木通柱造，柱础高 0.48 米。角柱通高 5.87 米。戏楼两侧各有耳房两间，通面阔均为 5.40 米，进深均为 5.69 米。

左右厢房为平房，悬山顶，穿斗式梁架，面阔 12.6 米作四开间，进深 4.1 米。正堂为悬山顶，穿斗式梁架，面阔 16.0 米作三开间，进深 10.0 米，檐柱高 5.20 米。正堂前有六级石踏道。

遂宁市射洪县潼射镇太平寨村轨溪寺戏楼

　　该戏楼位于遂宁市射洪县潼射镇太平寨村2组。据《遂宁市第三次全国文物普查不可移动文物登记表》记载，戏楼修建于清代，为轨溪寺的附属建筑。轨溪寺的修建时间、建筑规模不详，1973年被改建成学校，现已废置。

　　戏楼坐南朝北，悬山顶，抬梁式梁架，小青瓦屋面。过路台，分上下两层，上层为戏台，下层为通道。戏台面阔8.67米作三开间，其中明间4.70米；通

戏楼正面

戏楼后台及耳房

进深 8.0 米, 其中前台进深 4.9 米。台中以墙壁分隔前后台, 两侧设上下场门, 门高 2.0 米, 宽 0.65 米。上下场门向前靠 1.3 米, 使后台呈 "凹" 字形。地面至正脊檩高 6.67 米, 其中下高 2 米, 台口高 3.80 米。现戏台明间台沿上施栏板, 使台口呈半封闭状, 栏板高 1.20 米。东次间被完全封闭, 西次间开门一扇, 作过路之用。戏楼后台东侧砌墙, 封闭一小间作为耳房用, 面阔 1.93 米, 进深 3.10 米。戏楼下层现砌墙封闭, 仅正面留门, 里面堆满杂物。在汶川大地震戏楼后台垮塌, 现整个戏楼都已破败不堪, 成为危楼。

遂宁市射洪县沱牌镇瓮城村李家祠戏楼

　　戏楼位于遂宁市射洪县沱牌镇瓮城村 5 社的李家祠小学内。由戏楼背面《李家祠简介》及戏楼脊檩题记"大清光绪二十七年岁次辛丑新建宗祠乐楼……八月二十日穀旦"可知，李家祠及其戏楼始建于清光绪二十七年（1901）。因在 2018 年汶川大地震中有所损坏，2008 年进行过培修。李家祠坐北向南，沿南北中轴线依次排列为山门、戏楼及正堂，两侧施厢房，整体呈

戏楼正面

祠堂山门（戏楼背面）

戏楼台沿雕花板

四合院布局。现李家祠堂扩建为小学，正堂改建为砖石结构四层楼房，用作学校办公室，东侧厢房已拆。

山门为单檐歇山顶，小青瓦屋面，施滴水。面阔三间，仅明间辟有大门。山门现已被改建成小学校门，明间大门两侧又砌有木板，仅留中间狭小空间作为进出通道。

戏楼坐南向北，背靠山门，单檐歇山顶，小青瓦屋面，施滴水。穿斗抬梁混合式梁架。过路台，三面观，分上下两层，上层为表演场所，下层为通道。现上层三面均已被封，闲置未用。戏台平柱内移，通面阔 7.74 米，通进深 6.34 米，其中前台进深 4.54 米。戏台分隔前后台的隔断已拆，上下场门高 2.15 米，宽 1.67 米。次间隔断比明间隔断靠前 1.67 米，使后台呈"凹"字形。前台正面及两侧的台沿饰雕花板，上雕有花草及戏曲人物故事。正面雕刻内容由西至东分别为《陈姑赶潘》《断桥相会》《秋江过河》。戏楼下层西侧外有 10 级石踏道可达戏台前台。

戏楼两侧各有耳房一间，悬山顶，穿斗抬梁混合式，面阔均为 7.72 米，进深均为 4.56 米。耳房前设廊，廊深 1.05 米，与戏台前台相通；廊设栏杆，栏杆高 1.01 米。西侧厢房为悬山顶，分上下两层，通面阔 17.6 米作五开间，进深 4.54 米。厢房檐柱为通柱造，高 5.30 米，其中下层柱高 2.58 米。

遂宁市大英县天保镇李广沟村戴氏祠戏楼

　　该戏楼位于遂宁市大英县天保镇李广沟村 1 组的戴氏祠内。据前厅老檐檩上题记"大清道光拾年岁在庚寅仲夏月□拾日世居蓬邑河西籍民戴孔谟后裔等迁立"可知，戴氏祠建于清道光十年（1830）。为明末清初时"湖广填四川"移民中的戴姓家族宗祠，为戴孔谟后裔集资修建。祠堂坐北朝南，山门、戏楼、前厅和后厅分布在同一中轴线上，戏楼和前厅、前厅和后厅的两侧均施厢房，为两进四合院布局。此宗祠在中华人民共和国建立前一直作为祠堂和家庙使

祠堂山门

戏楼正面

用，新中国成立后曾被柏桂乡政府、乡信用社、乡敬老院等单位作为办公场所。祠堂建筑现均存在，除戏楼西边耳房住有居民外，其他建筑均闲置荒废。

　　山门为砖石结构的牌坊式建筑，六柱五间五楼。明间和两侧稍间各开一扇拱门，正门高3.20米，宽1.75米；次门高3.0米，宽1.50米。正门上方刻有"为人民服务"五个大字。山门单额枋、龙门枋等地方雕刻有人物图案，但现已模糊不清。

　　戏楼坐南朝北，背靠山门，与山门相距2.60米。单檐歇山顶，小青瓦屋面，施瓦当和滴水。镂空式山花，穿斗抬梁混合式梁架。过路台，三面观，分上下两层，上层为戏台，下层为通道。戏台通面阔7.90米作三开间，其中明间4.71米；通进深6.99米，其中前台进深4.32米。台上分隔前后台的隔断现已拆。次间隔断比明间隔断靠前0.65米，使后台呈"凹"字形。前檐四柱为圆木柱通柱造，柱础高0.63米。角柱通高5.63米，其中下层柱高1.67米。额枋上有戏曲人物故事浮雕，现已毁。戏台前沿照面枋由雕花板构成，上面雕饰的图案现亦被毁。戏楼下层亦面阔三间。戏楼两侧各有耳房两间，通面阔均为5.30

153

戏楼柱础

米，进深均为 5.12 米，现已改建为砖石结构的居民住房。

戏楼东西两侧厢房，悬山顶，均面阔 17.20 米作五开间，进深 8.23 米，檐柱高 4.9 米，柱础高 0.52 米，基高 0.42 米。厢房上层亦作看楼用，高 3.45 米，前有廊，廊深 0.75 米，前设栏杆，高 0.65 米。西厢房现已改建。前厅为悬山顶，面阔 23.10 米作五开间，进深 6.30 米。檐柱高 3.95 米，柱础高 0.45 米。地面至正脊檩高 5.50 米。基高 2 米。前施十级石踏道。后厅为悬山顶，面阔 14.82 米作三开间，进深 9.20 米。檐柱高 4.90 米，柱础高 0.8 米。地面至正脊檩高 7.23 米。基高 0.64 米。后厅东西两侧各有一排厢房，厢房为悬山顶，面阔 15.66 作三开间，进深 4.97 米。檐柱高 3.80 米，柱础高 0.35 米。地面至正脊檩高 4.88 米。基高 0.64 米。

雅安市汉源县富庄镇富庄村戏楼

　　该戏楼位于雅安市汉源县富庄镇富庄村 6 组。据《雅安市第三次全国文物普查资料》介绍："富庄戏楼建于清代，坐南向北，建筑面积约为 134.6 平方米。建筑为木构梁架穿斗式，三架椽栿，重檐歇山顶，面阔四间宽 11.6 米，

戏楼正面

戏楼侧面

进深 11.6 米，戏台高 3 米，通高 8.5 米。"①

  笔者于 2014 年 6 月前往该镇实地考察，发现戏楼只残存西次间和西耳房，而明间、东次间和东耳房皆不存在，取而代之的是一栋华丽的楼房。笔者与新楼主人交谈，主人说他多年来一直住在戏楼的明间、东次间和东耳房里，西次间和西耳房住着另外一户人家。2012 年 4 月芦山地震时戏楼损毁，他找到乡政府，希望政府帮忙解决住房地基问题。政府人员让他拆除戏楼重建新房。于是他就拆除自己所住的一边，盖此新楼。

---

① 2014 年 6 月 26 日雅安市文物局文物管理科提供。

宜宾市翠屏区牟坪镇风月楼戏楼

　　戏楼位于宜宾市翠屏区牟坪镇牟坪社区的禹王街，又名"风月楼"，原为禹王宫的附属建筑。禹王宫修建于清代，原由山门、戏楼、厢房和正殿组成，现仅存戏楼。戏楼在1928年曾为南溪农民运动的总指挥部，这次运动标志着川南党组织独立领导革命战争和建立革命武装的开始，在川南打响了反对国民党的第一枪。现戏楼经过大规模培修，台上台下均作为茶馆所有，台上挂牌竖匾三块，分别是"宜宾市翠屏区牟坪镇老年协会""宜宾市翠屏区牟坪镇总工会职工俱乐部"和"宜宾市翠屏区老年活动中心"。

　　戏楼建于清乾隆十三年（1748），光绪十八年（1892）培修。戏楼坐北朝南，单檐歇山顶，小青瓦屋面，镂空式山花，抬梁式结构。过路台，三面观，分上下层，上层为演出场所，下层为通道。上层平柱内移，面阔7.31米作三开间；通进深8.08米，其中前台进深5.48米。台中以隔断分隔前后台，明间隔断正中悬挂"风月楼"匾额一块，长2.21米，宽1.12米，匾上还记录有戏楼修建的原因、历史及捐资培修戏楼人员名单。次间隔断上有上下场门，门高2.53米，宽1.21米。次间隔断比明间隔断前凸，使后台呈"凹"字形。戏台顶部有井口天花，绘有戏画，因年代久远内容漫漶严重，不可辨别。戏楼角柱为通柱造，通高5.54米，其中下高2.22米。角柱外出斜撑，与从角部伸出之角枋承挑檐檩，斜撑上镂空雕刻有动物图形。角柱内出角枋，插入平柱之中。前台左侧和正面均施栏杆，高0.96米。戏楼下层三开间，面阔和进深同上层。戏楼下层右侧有木踏道可上至戏台后台。

戏楼正面

戏楼侧面

宜宾市江安县底蓬镇戏楼

该戏楼位于宜宾市江安县底蓬镇底蓬中学背面，坐西南朝东北，单檐歇山顶，小青瓦屋面，镂空式山花，穿斗抬梁混合式梁架。戏楼为一面观，分上下两层，上层为表演场所，下层为通道。戏台面阔 7.88 米作一开间，通进深 9.07 米，其中前台进深 5.81 米。台中有隔断分隔前后台，两侧设上下场门，门向前台凸 0.84 米，使后台呈"凹"字形。地面至戏台正脊檩高 6.84 米，其中台口高 4.56 米，下通道高 2.30 米。戏楼脊檩上大书"民权巩固，国运遐昌"八字，并用小字记有该戏台的修建者名单。前檐角柱斜撑较长，浮雕花草、动物图案，与

戏楼正面

戏台内部

从角部伸出之角枋承角梁及挑檐枋。台下左右各有厢房一间，面阔4.91米，进深9.32米，高2.39米。左侧厢房内有木踏道可直达后台。

该戏楼的具体修建时间已难确知。据当地居民讲，大约修建于民国早期。根据脊檩上八个大字看，大体不差。这八字当是从封建时代常用语"皇图巩固，帝道遐昌"化用而来，将体现封建帝王意识的"皇图"和"帝道"改成体现三民主义精神的"民权"和"国运"。

该戏楼台上、台下现共住有四户居民，破损严重。笔者于2014年5前去考察时，正遇上两户居

戏楼背面

民做午饭，只见屋内烟熏火燎，潮湿发霉。笔者问他们入住的原因和时间，他们说20年前政府安置他们居住于此。

宜宾市江安县大妙乡古戏楼

　　戏楼位于宜宾市江安县大妙乡大妙社区老街 499 号，地处大妙中学斜对面。原属于大庙的附属建筑，但大庙其他建筑已毁，现仅存戏楼。戏楼于 70 年代末被当地政府分给两户居民作住房，近年来遭不同程度改建，但大致原貌尚存。

　　戏楼建于清代，坐西北朝东南，单檐歇山顶，收山明显，封闭式山花，抬梁式结构，屋面铺筒瓦，正脊饰双龙，瓦当上有兽纹，滴水为水波纹。一

戏楼正面

戏楼侧面

面观，分上下两层。戏台通面阔 8.23 米作三开间，其中明间面阔 4.81 米；通进深 8.65 米，其中前台进深 4.77 米。分隔前后台的隔断已拆。地面至戏楼正脊檩高 9.54 米，其中台口高 4.05 米，下高 3.02 米。下层三开间，为过路通道。下层内有十二级木踏道可上后台。戏楼不施斗栱，梁架上立瓜柱承檩。设随梁，伸出承垂花柱及檐檩。后金柱直抵上金檩，前后梁尾插入。梁前头搭在额枋上。金柱后移，山柱中立。老角梁出龙头，仔角梁飞翘。戏楼前檐为圆木柱通柱造，柱高 6.81 米；鼓磴式柱础，高 0.26 米。戏楼两侧各有耳房一间，供伴奏、化妆之用，悬山顶，穿斗式结构，面阔 2.77 米，进深 4.56 米，高 3.22 米。

宜宾市江安县井口镇毗卢寺戏楼

戏楼位于宜宾市江安县井口镇井口社区的毗卢寺内。毗卢寺"始建于明洪武年间（1368—1398），重建于清道光时期（1821—1850）"①。寺庙坐北朝南，依势而建，前低后高，在南北轴线上有山门、戏楼、前殿和正殿，东西两侧

戏楼正面

① 罗培红主编：《酒都文物——宜宾市第三次全国文物普查成果集成》，文物出版社 2013 年版，第 389 页。

山门

为厢房和钟鼓楼，呈两进四合院布局。现仅存山门、戏楼和正殿。

山门高 5.48 米，通面阔 8.26 米作三开间，其中正门宽 1.82 米，高 2.92 米；两次间门宽 1.13 米，高 2.32 米。正门门楣雕刻有戏曲人物故事图案，门楣上部悬挂"毗卢寺"匾额一块，山门前设垂带踏道六级以供出入。

戏楼坐南朝北，正对前殿，背靠山门，与山门与间隔 1.85 米。二十世纪五十年代至八十年代期间，戏楼台口被封，改建为小屋形式，作为镇政府办公用地，现堆放着杂物。戏楼为单檐歇山顶，小青瓦屋面，封闭式山花，抬梁式结构。过路台，三面观，分上下两层。戏台通面阔 8.34 米作三开间，其中明间面阔 4.31 米；通进深 8.69 米，其中前台进深 4.87 米。台中以隔断分隔前后台，今隔断已拆，隔断两侧有上下场门，门高 2.14 米，宽 1.05 米。地面至戏楼正脊檩高 9.65 米，其中台口高 5.17 米。戏台前沿照面枋设垂柱四根，柱高 0.94 米。前檐四柱为圆石柱通柱造，通柱高 7.31 米，鼓形柱础，高 0.53 米。檐柱皆出斜撑，其中角柱斜撑较长，且透雕动物图案，与从角部伸出之角枋承挑檐檩。戏楼下通道高 2.67 米，亦为三开间，其中明间为过路通道，左右两次间加墙改建为小屋形式。戏楼下层内部左侧有木踏道可达后台。戏楼东

戏台现状

西各有耳房一间，供扮戏化妆之用，悬山顶，穿斗式结构，面阔 3.58 米，进深 5.43 米，与戏楼后台相通。

　　寺庙正殿位于整个建筑最高处，单檐歇山顶，封闭式山花，小青瓦屋面，抬梁式结构。通面阔 13.57 米作三开间，其中明间面阔 6.84 米；进深 12.46 米，地面至屋顶正脊檩高 12.26 米。正殿前石坝东西两侧分别建钟楼与鼓楼，于 80 年代拆毁，今不存。前殿位于正殿与戏楼之间，2009 年因房屋损毁严重，当地政府无力修葺而被拆除，仅剩台基部分。2014 年 5 月笔者前往实地考察，依据拆除遗留下的痕迹以及当地人的描述，测得前殿的相关数据。前殿为悬山顶，抬梁式结构，通面阔 12.82 米作三开间，其中明间面阔 4.68 米；进深 6.24 米；基高 1.27 米。前殿与戏楼之间为看戏的院坝，二十世纪八十年代于院坝中新建一栋坐北向南的砖混小青瓦建筑，今损毁严重。

宜宾市江安县江安镇火神庙戏楼

火神庙戏楼位于宜宾市江安县江安镇三社区球场巷的火神庙内，地处江安镇派出所左侧。戏楼是火神庙的一部分。火神庙为"清康熙年间（1735—1795年）始建"①，原供奉火神祝融。现仅存山门与戏楼。

山门为砖石结构的牌楼式建筑，四柱三间，底部为石砌，墙身为砖砌，屋顶为悬山顶，上覆小青瓦。山门高 5.56 米，基高 0.33 米。通面阔 8.51 米，其中明间面阔 3.81 米。明间门宽 2.15 米，高 3.21 米。次间门宽 1.32 米，高 2.38 米。山门前施垂带踏道两级以供出入。

山门

① 罗培红主编：《酒都文物——宜宾市第三次全国文物普查成果集成》，文物出版社 2013 年版，第 366 页。

戏楼建于清嘉庆七年（1802）[①]，坐东向西，背靠山门，与山门间隔1.58米。戏楼现为两户居民住房，虽遭改建，但主体结构完整。单檐歇山顶，小青瓦屋面，封闭式山花，抬梁式结构。过路台。三面观（但现两侧被墙封闭，使戏台呈一面观）。戏台移平柱造，面阔8.11米；通进深9.56米，其中前台进深4.91米。台中以隔断分隔前后台，两侧有上下场门。地面至戏楼正脊高8.33米，其中下通道高2.75米，台口高3.86米。前檐角柱为圆木柱通柱造，柱

戏楼正面

戏楼侧面

高6.58米，鼓形柱础，高0.38米。角柱间施额枋。戏台前沿雕花板上雕刻有花草、器物和戏曲人物图案，并出垂柱四根，柱高0.96米，上亦雕刻戏曲人物图案。现雕花板上施栏杆。下层为三开间，本为通道，但现被封闭作为居民用房。下层南次间有木踏道可至戏台后台。戏楼两侧各有耳房两间，通面阔6.58米，进深6.11米，高4.91米，现亦为居民用房。耳房后缩，与戏台呈"品"字形。

宜宾市江安县留耕镇正坪村曾家祠堂戏楼

　　戏楼位于宜宾市江安县留耕镇正坪村油榨坪组的曾家祠堂内。曾家祠堂系留耕镇曾姓宗族祠堂，又名油榨坪祠堂。"油榨坪祠堂系留耕镇曾姓宗族祠堂，据曾氏族谱记载，油榨坪祠堂建于清康熙十五年（公元1677年），为留耕镇曾氏家族从湖北迁入四川后的二世祖所建。清道光十年（公元1830年）重建。"①祠堂坐西南向东北，其山门、戏楼和正堂均在同一中轴线上，两侧为

戏楼正面

---

　　① 佚名《油榨坪祠堂》，江安新闻网：http://www.ybxww.com/content/2008-11/4/2008114220742.htm.2015年5月2日。按：康熙十五年为公元1676年。此文说"清康熙十五年（公元1677年），误。

戏台现状

厢房，整体呈四合院布局。2001年被公布为县级文物保护单位，2002年被公布为省级文物保护单位。祠堂现保存完整，但长年被锁，杂草丛生。

正堂为单檐悬山顶，小青瓦屋面，抬梁式结构。通面阔20.87米作五开间，其中明间面阔4.46米；进深9.31米。地面至屋顶正脊檩高8.05米。条石台基，基高0.31米。正堂前金柱高6.12米，后金柱高6.16米，山柱高4.42米。前有廊，廊深1.54米，廊柱高4.70米。两侧厢房为歇山顶，小青瓦屋面，镂空式山花，均面阔8.8米作三开间，其中明间面阔3.39米，进深均为4.67米。地面至屋顶正脊檩高7.44米。正殿与戏楼间有一宽阔看坝，长21.25米，宽15.76米。

戏楼坐东北朝西南，背靠山门，正对正堂。单檐歇山顶，小青瓦屋面，封闭式山花，穿斗抬梁混合式结构。过路台。一面观。戏台通面阔9.32米作三开间，其中明间为表演区，面阔4.69米；两次间均砌墙，进深两开间，在面向戏台一面开门，作为演员化妆和乐队伴奏之用。戏台进深5.71米，不分前后台。地面至戏楼顶部正脊檩高7.89米，其中台口高3.52米。下通道高2.28米，亦作三开间，其中明间为过路通道。次间被封闭作为房间使用，进深两间。戏楼下层右侧有石踏道可达前台。戏楼前檐四柱为圆木柱通柱造，通柱高5.48米，鼓形柱础，高0.36米。角柱斜撑较长，与从角部伸出之角枋承挑檐檩。戏楼两侧各有耳房两间，悬山顶，通面阔8.42米，进深3.44米，地面至正脊檩高5.67米。耳房后缩，使戏楼呈"品"字形。

宜宾市长宁县竹海镇文武宫戏楼

　　戏楼位于宜宾市长宁县竹海镇相岭社区，原为文武宫的山门戏楼。文武宫正殿和厢房建于清嘉庆十二年（1807），山门和戏楼建于嘉庆二十年（1815）。现正殿和厢房皆不存，山门保存较为完好，戏楼破坏严重，仅存大木结构。

　　山门为四柱三间三楼砖石仿木结构建筑。通高 7.87 米。通面阔 8.92 米，辟有大门三洞，明间大门宽 2.09 米，高 3.20 米；两侧门宽 1.12 米，高 2.51 米。两侧门现已被砖石封闭。明间大门两侧刻有楹联"异姓同胞同胞不如异

戏楼正面

姓，三人一心一心惟有三人"。横额"人伦首出"。横额上书有"文武宫"匾额一块，两旁落款，左边"敬修山门彩楼"，右边"嘉庆乙亥年拾式月吉日立"。乙亥年为嘉庆二十年，公元1815年。左右侧门横梁上分别书写"忠孝"、"流观"大字。

戏楼坐南朝北，背靠山门，木结构单檐歇山顶，封闭式山花，穿斗抬梁混合式结构。楼分两层，上为戏台，下作过路通道。四柱三间，通面阔8.88米，其中明间面阔4.51米；通进深8.15米，其中前台进深5.44米。台中以隔断分隔前后台，但隔断已被拆除，两侧有上下场门，门高3.50米，宽1.12米。隔断两侧向前凸1.1米，

山门

使后台呈"凹"字形。地面至戏楼正脊檩高9.08米，其中下通道高2.21米，台口高4.34米。戏楼前檐四柱为圆木柱通柱造，通高6.55米。

宜宾市长宁县桃坪乡玉皇楼戏楼

　　该戏楼位于宜宾市长宁县桃坪乡桃源社区玉皇楼对面。玉皇楼建于清代，为过街楼，坐东北朝西南，重檐歇山顶，封闭式山花，小青瓦屋面，穿斗抬梁混合式结构。素面石台基高 1.1 米。原为三层，其中顶层于"文革"时损毁，现存两层。下层为四柱三间，通面阔 15.87 米，其中明间面阔 4.61 米，作为过街通道；进深 13.81 米，纵深辟为三间住房，现为商铺。玉皇楼原有两匾额，

戏楼正面

改建的耳房上层

为修建时悬挂，现被居民作为楼板，其中一块上有文字"嘉庆贰拾叁年蒲月朔□立"由此可知，玉皇楼建于清嘉庆二十三年（1818）。

戏楼坐西南朝东北，正对玉皇楼，单檐歇山顶，小青瓦屋面，屋面较陡，屋顶举架，饰瓦当。封闭式山花。穿斗抬梁混合式结构。过路台，一面观，分上下两层，上层为表演区，现为居民住所；下层本为通道，现改建为商铺。上层通面阔 8.23 米作三开间，其中明间面阔 5.21 米；通进深 7.47 米，其中前台进深 4.32 米。台中以隔断分隔前后台，两侧有上下场门。后台有一木梯可上下戏楼。地面距戏楼正脊檩高 9.65 米，其中台口高 3.23 米，下高 3.38 米。戏楼两侧各有耳房两间，通面阔均为 8.31 米，进深 6.28 米。分上下两层，通高 6.21 米，其中上层高 2.89 米。左侧耳房现已改建。戏楼和玉皇楼之间的石坝宽 9.33 米，长 18.41 米。

戏楼和玉皇楼之间的两侧为厢房。穿斗式结构。基高 0.24 米。通面阔 13.47 米作三开间，其中明间面阔 3.56 米。进深 9.36 米。分上下两层，通高 5.12 米，其中下高 2.76 米。

宜宾市长宁县梅硐镇镇坪村余家祠堂戏楼

    该戏楼位于宜宾市长宁县梅硐镇镇坪村的余家祠堂内。祠堂为该村余姓家族于清末民初所建。1935 年 5 月 14 日余泽鸿带领川南游击纵队驻此并召开军事会议，该祠堂遂成为有名的红色史迹。祠堂坐西南向东北，原为三进四合院结构，因年久失修加上房屋改建，现仅存山门、戏楼、左右厢房以及正堂。

    笔者于 2014 年 4 月实地考察发现，该祠堂现共住有 3 户居民，戏楼成为他们的公用建筑。戏楼坐东北向西南，位于山门之上，正对祠堂正堂。单檐

戏楼正面

祠堂山门

歇山顶，小青瓦屋面，各条脊上塑以的饰物现已破坏殆尽。封闭式山花。穿斗式梁架。一面观，分上下两层，上层为表演场所，下层为过路通道。上层面阔4.86米作一开间，进深4.89米，不分前后台。现台口被封，改建为小屋形式，内堆放着杂物。戏台前沿照面枋由两层雕花板组成，上层浅浮雕花草图案，下层浅浮雕戏曲人物故事图案。戏楼通高5.42米，其中下通道高2.63米。戏楼下层亦作一开间，通道右侧原有木踏道可达戏台，现木踏道已被拆除，现若要达戏台，须要搭用木梯。戏台两侧各有耳房一间，悬山顶，面阔4.31米，进深4.82米，通高4.54米，基高0.25米。

戏楼与正堂以厢房相连。两侧厢房均为悬山顶，通面阔均为12.32米作三开间，分上下两层。其中与戏楼耳房相连的两间，地基和通高均与耳房相同。上层原为看楼，笔者考察时，居住在祠堂里的当地人回忆说年少时就在上面看过戏，但现在上层正面被墙封闭。与正堂相连的一间高于前面两间，通高与正堂相同。正堂为单檐悬山顶，穿斗式梁架，小青瓦屋面，素面台基，三穿用七柱减柱造，通面阔13.62米作3开间，高4.87米，进深4.85米。堂前有垂带踏道造3级。

宜宾市高县大窝镇川洞村文昌宫戏楼

戏楼位于宜宾市高县大窝镇川洞村的文昌宫内，背靠大窝小学。文昌宫建于清咸丰二年（公元 1852）①，坐北向南，南北轴线上排列牌楼、山门、戏楼（魁星楼）、正殿和后殿，东西两侧为廊楼和过厅，呈二进四合院布局。文昌宫于二十世纪五十年代初被辟为龙泉小学用房，因年久失修，2002 年欲以拆

牌楼和山门

---

① 由后殿正脊檩题记"大清咸丰壬子年仲冬月吉旦"可知。

戏楼正面

除，后经文物保护部门勘测，认为文昌宫总体规模尚存，具有较高的文物价值，采取措施予以抢救。高县县政府于 2004 年对文昌宫进行培修。2012 年被公布为省级文物保护单位。现长期被锁，偶尔有管理者前来打扫卫生。

牌楼位于文昌宫正门前 2.66 米处，据牌坊明间额枋石刻纪年"光绪八年仲冬月初二建"可知石坊建于光绪八年（1882）。牌楼为四柱三间五楼石牌楼，通面阔 5.89 米，进深 2.11 米，通高 7.85 米。明间大门宽 2.14 米，高 3.19 米；次间门宽 1.11 米，高 2.43 米。明间柱高 5.51 米，次间柱高 4.06 米。柱前后以抱鼓石夹撑，明间柱前后抱鼓石高 2.21 米，次间柱前后抱鼓石高 1.72 米。明间上层嵌刻浮雕"圣旨"如意匾额一幅，下层匾额上原刻"文昌宫"三字，今被水泥覆盖。左次间匾原刻"掌文衡"，右次间刻"司嗣籍"，惜已被凿，仅余字迹。明、次间柱上楹联字已不复明辩。明间额枋下施雀替，今仅存一。明间柱抱鼓石鼓上花板内均浮雕戏曲人物故事图案，有部分残损。次间柱抱鼓石略小，花板上浮雕卷云纹。

戏楼坐南朝北，背靠山门，为山门戏楼，过路台，面对文昌宫正殿。据当地人讲，戏楼原为重檐六角攒尖顶，楼分三层，底层为过路通道，二层为

177

戏台内部

戏台，三层为奎星阁。"文革"时期奎星阁一层被拆，屋顶被改为歇山顶。今戏楼为单檐歇山顶，小青瓦屋面，封闭式山花，抬梁式结构。三面观。前台省去平柱呈一间之势，面阔 7.48 米；通进深 7.26 米，其中前台进深 4.64 米。台中以隔断分隔前后台，后台明间隔断左右有上下场门，门高 2.51 米，宽 0.88 米。后台次间隔断向前台凸 1.35 米，使后台呈"凹"字形。地面至戏楼正脊檩高 8.88 米，其中台口高 3.92 米。前台顶部施天花板，天花板上原有彩绘花鸟和人物图，漫漶严重，难以辨别。戏楼角柱为圆木柱通柱造，通高 6.68 米，柱础鼓磴式，风格不一。挑檐枋上有四个镂空雕灯笼形垂花，中间两个已毁。角柱斜撑较长，且透雕人物图案（但今已毁），与从角部伸出之角枋承垂花柱和挑檐檩。台口额枋上有花纹彩绘。戏台前沿照面枋由雕花板构成，上雕饰三国戏剧人物故事，但大多已被破坏。戏楼下通道高 2.26 米，四柱三间，其中明间面阔 4.37 米。戏楼下层东侧有石踏道可达前台。戏楼东西耳房各 2 间，小青瓦屋面，穿斗式结构，通面阔 4.83 米，进深 5.16 米，与后台相通。耳房前有廊，廊深 1.13 米，设栏杆，栏杆高 0.87 米，与前台相通。但西边耳房的栏杆现已不存。现在廊上加盖屋顶，与戏台前台持平，使戏台呈一面观。

戏楼由耳房连接廊楼，廊楼连接正殿。廊楼亦作看楼用，悬山顶，小青瓦屋面，穿斗式结构，通面阔 18.21 米作五开间，进深 3.87 米，分上下两层，通高 4.85 米，其中下层高 2.11 米。廊楼上层原为观众楼，无间壁，现被加砖墙隔成数间，前沿有栏杆，现于栏杆上加墙封闭正面，仅留窗，改建成小屋形式。廊楼上、下层的前檐柱均施斜撑，雕刻精美。

正殿为硬山顶，小青瓦屋面，封火墙布瓦顶，穿斗抬梁混合式结构，通面阔 13.33 米作三开间，其中明间面阔 4.16 米，进深 7.84 米，地面至正脊檩高度为 8.00 米。前檐柱和金柱全用方体石柱，前檐柱高 4.64 米，金柱高 6.14 米。后檐柱用木柱，高 5.71 米。前后檐柱础为正方体，四面雕花鸟纹，金柱柱础为鼓形，浮雕云龙纹。前后檐柱均施斜撑，上镂空雕花鸟人物。殿前沿为走廊，廊深 3.24 米，高 6.39 米，廊顶为鹤形椽卷棚，廊柱间驼峰和穿插枋均有非常精美的木雕彩绘图案。正殿两侧各有配殿一间，面阔 4.25 米，进深 11.66 米。正殿及配殿均为条石台基，基高 0.87 米，前有月台，宽 6.19 米，长 3.16 米，五级抄手踏道上下正殿。

正殿与后殿有过厅相连，过厅东西各三间，通面阔 7.50 米，进深 3.38 米。后殿为硬山顶，封火山墙布瓦顶，抬梁式结构，通面阔 13.16 米作三开间，其中明间面阔 4.73 米，进深 7.08 米，地面至屋顶正脊檩高度为 7.68 米。后殿两侧各有配殿一间，面阔 4.16 米，进深 6.39 米，与后殿高度相同。

宜宾市珙县洛表镇麻塘村何家大院戏楼

　　何家大院位于宜宾市珙县洛表镇麻塘村僰人悬棺景区内，建于清代。2009 年 8 月，《宜宾日报》记者何均洪、黄月和李梅等前去考察，撰文《珙县发现两座石碉楼》："樊忠华和杨国科两户人家是该院子目前的主人，据他们介绍，该大院以前是一个何姓大地主的产业，包括两座石碉楼都被称作何家大院，不清楚院子修建的具体时间，但可以肯定其已有上百年的历史了。"① 笔者于 2014 年 5 月前去考察时，发现大院已无人居住，并发现大院实际上包括两套院子，每套院子均有戏楼一座，均位于院门位置，上为戏台，下为通道。

　　其中一套院子坐北朝南，四合院布局，现存戏楼、西厢房和正堂。正堂为悬山顶，小青瓦屋面，穿斗式大木结构。面阔 14.23 米作三开间，其中明间 4.52 米，进深 4.88 米，高 6.51 米，基高 0.21 米。前有走廊，深 3.35 米，廊柱高 3.79 米，柱础 0.42 米。西厢房为小青瓦屋面，悬山顶，穿斗式木构架，通面阔三间 9.5 米，通进深 6.5 米。其戏楼现仅存大木结构，正对正堂。悬山顶，小青瓦屋面。穿斗式大木结构。过路台。一面观。戏台面阔 3.78 米作一开间，进深 5.15 米，已看不出分不分前后台。地面距戏楼正脊檩高 5.69 米，其中下通道高 2.15 米。戏台左右两侧各有耳房一间，面阔均为 3.31 米，进深均为 5.15 米，高均为 3.21 米。戏楼和正堂之间的看坝宽 14.49 米，长 13.81 米。

　　另一套院子距前所述院子相距约 200 米，坐东南向西北，亦为四合院，现存戏楼、左右厢房和正堂，保存较为完整。据当地居民说，该院原为女眷所居。其正堂和左右厢房与前一套的形制相同。戏楼坐西北向东南，正对正堂。悬山顶，小青瓦屋面。穿斗式大木结构。过路台。一面观。戏台面阔 4.55 米作一开间，通进深 5.43 米，其中前台进深 4.67 米。台中有隔断分隔前后台，

---

　　① 何均洪、黄月、李梅：《珙县发现两座石碉楼》，《宜宾日报》2009 年 8 月 26 日第 B2 期。

戏楼正面（第一套院子）

第一套院子院门（戏楼背面）

戏楼正面（第二套院子）

第二套院子院门（戏楼背面）

两侧有上下场门，门高 2.57 米，宽 0.93 米。地面距戏楼正脊檩高 4.12 米，其中下通道高 1.88 米。基高 0.21 米。戏楼左右两侧各有耳房一间，悬山顶，穿斗式结构，面阔 3.57 米，进深 5.43 米。分上下两层，通高 4.18 米，其中下高 2.15 米。戏楼和正堂之间的看坝宽 11.63 米，长 6.67 米。

在两套何家大院之间有碉楼 1 栋，碉楼用青条石垒砌，高 15 米、长 9.5 米、宽 6 米，为两楼一底，屋顶为木构架歇山式顶，碉楼内为串木构架，共四层，墙体四侧有窗及观察孔。

宜宾市筠连县腾达镇王爷庙戏楼

　　戏楼位于宜宾市筠连县腾达镇平寨社区的王爷庙内。关于王爷庙的修建时间和原因，《宜宾日报》的记者罗志彦和张择君于 2010 年 5 月 19 日前往腾达镇王爷庙，采访了当地 84 岁老人付玉书，据老人回忆：

　　　　这座王爷庙分为前殿和后殿，前殿是清朝道光年间修建的，而后殿的年代则更长，他也不知道是什么时候修建的，但后来被一场

王爷庙山门

戏楼正侧面

戏台现状

火给烧光了。……在水上跑的人，都要供奉河神以保平安，这座庙便是以前的水上的船主、水手们集资修建的，是专门用来供奉当地的河神王爷，以保佑他们在水运的路途中，平平安安。每年特定的时节，船主们都要举行庙会，祭祀河神王爷，新船下水或船只远航，船主均要去王爷庙在王爷神像前，焚香祷告，祈求一帆风顺和平安。①

现王爷庙仅存山门与戏楼，今为老协会和川剧协会使用。2010 年 5 月被公布为县级文物保护单位。山门为砖石混砌，通面阔 15.03 米，门墙上砌一方形大门和两上圆弧下长形门。方形大门宽 2.62 米，高 3.21 米，横额作仿匾石刻"南川巨镇"，门石柱刻联"棘道乐中流圣泽光昭符黑水"、"犀山遥拱翠神威显赫镇腾龙"；两上圆弧下长形门宽 1.04 米，高 2.61 米。

戏楼背靠山门，坐东向西，悬山顶，小青瓦屋面，穿斗抬梁混式结构。一面观，过路台，分上下两层，上层为表演场所，下层为通道。素面台基，基高 0.95 米。上层通面阔 8.53 米作三开间，其中明间面阔 4.17 米；通进深 9.75 米，其中前台进深 5.12 米。台中以隔断分隔前后台，隔断左右有上下场门，门高 2.11 米，宽 1.58 米。戏台前台现挂有筠连县川剧团 2004 年制作的两面锦旗，分别写有"振兴川剧，以剧会友""继承川剧，增进友谊"等文字。后台墙壁上有高县川剧团写的演出题记。现戏楼台口增设折叠木门，现改建成小屋形式。地面距戏楼正脊高 7.16 米，其中台口高 3.41 米，下高 1.81 米。戏台台沿照面枋两侧设垂柱装饰，垂柱长 1.03 米。角柱为圆木柱通柱造，通柱高 4.71 米，鼓形柱础，高 0.51 米。下层亦三开间，面阔、进深同上层，现改建为茶馆。戏楼右侧有石踏道可达戏台前台。

① 罗志彦、张择君：《筠连县腾达镇王爷庙——曾经的南川巨镇缩影》，《宜宾日报》2010 年 5 月 25 日第 B4 版。按：关于王爷庙的修建时间，《酒都文物——宜宾市第三次全国文物普查成果集成》说："建于清道光元年（1821 年）。"（文物出版社 2013 年版，第 727 页）

宜宾市屏山县龙华镇禹王宫戏楼

　　戏楼位于宜宾市屏山县龙华镇汇龙社区的禹王宫内。禹王宫建于清乾隆三十三年（1768），坐东向西，现有山门、戏楼、正殿和后殿，均在同一中轴线上，两侧配以过厅和围墙，呈两进四合院布局。禹王宫现保存完好，1987年被公布为县级文物保护单位。现禹王宫长期被锁，建筑发霉，杂草丛生，相当冷清。

　　山门为砖石结构的牌楼式建筑，四柱三间三楼，通面阔7.12米，通高9.65米。仅在正楼下辟有大门，门高2.32米，宽1.72米。戏楼坐西向东，背靠山门，面对正殿。据戏楼上金檩题记"御极乾隆陆拾年姑洗望三日□□建修"可

戏楼正面

知，戏楼修建于乾隆六十年（1795）。单檐歇山顶，筒瓦屋面，施瓦当和滴水。正脊两端塑鸱吻，中间塑葫芦宝瓶。垂脊和戗脊上亦塑有脊兽。封闭式山花，抬梁式结构。过路台。三面观。戏台平柱内移，通面阔 6.15 米作三开间，其中明间面阔 4.08 米；通进深 8.19 米，其中前台进深 5.14 米。台中以隔断分隔前后台，隔断上绘山水画一幅。明间隔断两侧有上下场门，门宽 0.82 米，高 1.95 米。次间隔断比明间隔断前凸，使后台呈"凹"字形。次间隔断上亦绘有花草画。戏楼顶部有斗八藻井，上施"暗八仙"图案。檐下以方板遮隔檐顶，

禹王宫山门

成天花。角柱为圆木柱通柱造，通柱高 6.09 米，柱础高 0.70 米。角柱间施额枋。老角梁出龙头，仔角梁飞翘。平柱间施内额，角柱和平柱间施拱形枋。地面至戏楼正脊檩高度为 7.57 米，其中台口高 3.98 米。戏楼下通道高 2.81 米，四柱三间，明间面阔 4.08 米，明间柱为石质圆柱。戏楼两侧各有耳房两间，两侧施封火墙，小青瓦屋面，施瓦当和滴水。通面阔 8.28 米，进深 5.22 米，与后台相通。两侧耳房下层与戏楼下层相通。戏台南面第一间耳房下层内部有 11 级木踏道可至后台。

正殿两侧施封火墙，小青瓦屋面，施瓦当和滴水，正脊上塑有各种动物，抬梁式结构。通面阔三间 21.72 米作五开间，其中明间面阔 5.14 米；进深 11.91 米；地面至屋顶正脊檩高 8.00 米。殿前有廊，廊深 2.57 米，廊柱高 6.11 米，施栏板栏杆，高 0.84 米，于栏板外沿浮雕戏曲故事，因年代久远，加之

戏楼底层

戏台前台

"文革"破坏，部分人物头部损毁严重，难以辨别。现可以认定的戏曲故事，从左至右分别是《三英战吕布》《赵子龙大战长坂坡》《关公走麦城》《甘露寺招亲》《空城计》《关公送嫂》《斩马谡》《赵匡胤洗马救驾》和《华容道》，雕刻细腻，保存较好。后殿为硬山顶，抬梁式结构，小青瓦屋面，通面阔21.72米作五开间，其中明间面阔4.87米；进深8.25米；地面至屋顶正脊高度为8.00米。后殿与正殿之间有过厅相连，过厅面阔5.65米，进深3.21米。

自贡市自流井区仲权镇万寿宫戏楼

　　戏楼位于自贡市自流井区仲权镇黄家村 1 组的万寿宫内。笔者于 2014 年 4 月前往考察。万寿宫修建于清乾隆十八年（1753），坐西北向东南，在中轴线上依次增高为山门、戏楼和正殿，两侧为厢房，整体呈四合院布局。现正殿已毁，左右厢房、戏楼及其耳房被改为居民住房。

　　山门为砖石结构的牌楼式建筑，三重檐，上有戏曲人物雕刻，"文革"期间被破坏，现保存较差。戏楼与山门相背而立，正对正殿，悬山顶，小青瓦

戏楼正面

189

戏楼正侧面（近景）

戏楼左侧厢房

屋面。抬梁式梁架。过路台，三面观。戏楼基高 0.27 米，地面至脊檩距离约 12.67 米，台口高 3.32 米。戏台通面阔 9.25 米作三开间，其中明间面阔 5.33 米，通进深 7.89 米，其中前台进深 5.01 米。现戏台台面已毁，支撑台面的台梁上饰有龙纹雕刻，现残存。前檐为四根通柱，通高 6.32 米，其中下高 3.00 米，柱础高 0.32 米。戏楼四面曾砌墙作为住房，现弃置。戏楼前新砌居民房，遮住戏楼下层。戏楼两侧各有耳房两间，与戏台后台相通，戏台较耳房向前凸出约 1.85 米。耳房为悬山顶，小青瓦屋面，前有廊。右侧耳房，现为黄家村 1 组生产队队长居住。从外看右耳房破烂不堪，但室内装饰很新，家电俱全，颇为现代化。

戏楼两侧有两层厢房，小青瓦屋面，两侧施封火墙。两侧厢房均被拆除部分，新建居民楼房。右厢房现存三间，通面阔约 11.42 米，进深 4.80 米，现已被改建，作为居民用房。左厢房靠近正殿处现存两间，通面阔 7.62 米，进深 4.80 米，现用作柴房。戏楼前看坝有 9 级石踏道通往正殿，正殿已被拆毁，现仅存台基，台基上杂草丛生。

自贡市自流井区桓侯宫戏楼

　　戏楼位于自贡市自流井区龙凤山社区中华路桓侯宫内。桓侯宫为清代自贡屠沽工人纪念三国名将张飞而集资修建的行帮会馆，俗称"张爷庙"或"张飞庙"。桓侯宫始建于清乾隆年间，咸丰十年（1860）遭火焚，同治四年（1865）至光绪元年（1875）重建。桓侯宫临街倚山势而建，坐北向南，在南北轴线上依次增高排列为山门、戏楼和正殿，东西两侧为看楼和钟鼓楼，建筑面积约占 500 多平方米，整体呈四合院布局。1985 年 9 月公布为自贡市重点文物保护单位，2007 年 6 月公布为四川省重点文物保护单位。

桓侯宫山门

戏楼正面

戏台内部（主要梁架及装饰性构件尚存）

山门为六柱五间五楼式砖石结构的牌楼形式。明楼为庑殿顶式的大屋顶，四角飞翘，下方挂竖匾，上书"桓侯宫"三字。单额枋与龙门枋上有戏曲人物雕刻，额枋间的题版上横书"灵公阆郡"。明间辟双扇门，次间和稍间不辟门，为砖墙。大门宽2.14米，高3.39米，门楣上有戏曲人物雕刻，左右石刻对联"大义识君臣，想当年北战东征，单心克践桃园誓""丰功崇庙祀，看今日风微人往，寿世还留刁斗铭"。立柱隐然砌出，柱根立抱鼓石，高1.03米，宽0.63米。门两侧挂有"自流井区文化馆""自贡国画院""西部书画艺术院"和"自贡市硬笔书法家协会"等竖匾。山门牌楼两侧各设一小门，左右亦有石刻对联。

戏楼坐南向北，背靠山门，正对正殿。卷棚歇山顶，筒瓦屋面，饰滴水。过路台，三面观，分上下两层，上为戏台，下为通道。戏台省平柱呈一间之势，面阔8.25米；通进深8.24米，其中前台进深5.25米。台上以隔断分隔前后台，隔断现已不存。戏台前沿有照面枋，由两层雕花板组成，两层中间收缩（类似弥座台基的束腰），上下层雕花板均有戏曲人物雕刻，保存一般。戏台省平柱处出垂花柱，柱间设内额，与后金柱内额组成井口枋。现顶上天花板为今人所制，台面距天花板高3.52米。角柱外设斜撑，圆雕人物，承檐枋。戏楼下层作三开间，其中明间面阔4.85米，高3.09米。角柱为圆木通柱造，高5.87米，其中下柱高2.34米，柱周长1.25米，柱础为兽形石蹲，高0.75米。看坝左侧现有石踏道可至戏台。戏楼两侧各有耳房一间，与后台相通。现戏台前台三面皆被封闭，且与后台、耳房打通，被用作休闲娱乐场所，主营餐饮业。

戏楼东西各有看楼五间，分上下两层，通面阔20.13米，进深3.25米，正中一间略微凸出，作钟鼓楼，亦可作表演场所。西侧为钟楼，取名"得月亭"；东侧为鼓楼，取名"望云轩"。钟楼为重檐歇山顶，鼓楼为悬山顶。鼓楼与钟楼相对，原本鼓楼亦应为重檐歇山顶，据说因鼓楼后长一大黄桷树，枝叶覆顶，为保留黄桷树而如此修建。钟楼与鼓楼面阔5.46米，圆木通柱高4.94米，其中下柱高2.17米，柱础高0.63米。看楼前的栏板和钟鼓楼的台沿上均有戏曲故事人物雕刻，保存较好。

正殿为悬山顶，抬梁式梁架，通面阔13.85米作五开间，高13.55米。正殿明间出抱厦，抱厦为单檐歇山顶，未砌墙，现作为茶馆使用。正殿台基正面与侧面皆有戏曲故事人物雕刻。桓侯宫雕刻精美，且多为川剧折子戏场景。据有关文献统计，戏楼和钟鼓楼台沿就刻有戏剧场景18幅，仅人物就多达184个。桓侯宫内有光绪年间木制碑刻《重建桓侯宫碑序》，记载桓侯宫的始

建和重建历史:

> 屠沽一行自古有之，地位兴立邦，□取自我朝雍正间兴设帮会，乾隆时先辈甫莫众酿金创建桓侯庙……凡正殿及东西二郎、戏台、山门，并供神器具，无不周备而是肃观瞻。突□咸丰庚申李逆扰厂，殿宇全身俱成灰烬……每宰猪一只，按行规抽钱贰佰文，再行鸠工庀材，大兴土木。越乙亥十月，方开始演戏，会集，殇以酒而告落成焉。是役也，殿阁楼台，既雄且丽，功力所及，生面独开，以今视昔，尤觉壮观。①

---

① 转引自张先念：《四川自贡古戏台调查与研究》，山西师范大学 2013 年硕士论文，第 16 页。

自贡市贡井区贵州庙戏楼

　　戏楼位于自贡市贡井区街道老街社区新华街 21 号的贵州庙内，与贡井南华宫毗邻。贵州庙为贵州盐商集资修建的同乡会馆，内供奉贵州黑神^①，又名"荣禄宫""黔省会馆"和"黔省会所"。贵州庙建于清同治六年（1867），坐北向南，在南北轴线上增高排列为山门、戏楼和正殿，两侧为厢房，整体呈四合院布局。"文革"期间遭到严重破坏。1989 年 8 月公布为区级文物保护单位，2009 年 2 月公布为自贡文物保护单位，2012 年 7 月公布为四川省文物保护单位，

戏楼正面

---

　　① 关于黑神有三说：一为明代贵州一位爱民的监察御史，二为一位贵州苗族王爷，三为岳飞父子。究竟是谁无定论。张先念《四川自贡现存古戏台调查与研究》一文云："另外有居民传说贵州庙供奉的是岳飞父子，由于岳飞曾经充军云南，而当时的云南包括贵州一带，贵州庙西侧门有石刻对联'精忠报国两门忠烈，清风明月一片赤诚'，这是祭祀岳飞父子证明。但是，由于贵州庙中神像已毁，并且年代久远，我们无法确定黑神究竟指的是谁，因此对于贵州庙的祀神我们只能模糊认定为黑神，希望有新的文献或文物来证明黑神究竟是谁。"（山西师范大学 2013 硕士论文，第 27 页）

戏台照面枋雕花板雕刻

曾作为茶馆使用，现收归文管所管理，被锁闭，保存较差。笔者于 2014 年 5 月前往考察，因贵州庙为危房，不能到戏楼上层，故只测得部分数据。

山门与戏楼联合构成一座门楼倒座形式的二层复合建筑，戏楼与山门相背而立，正对正殿，坐南向北。戏楼为单檐歇山顶，小青瓦屋面，穿斗抬梁混合式木结构。过路台，一面观，分上下两层，上为戏台，下为通道。戏台通面阔 8.94 米作三开间，其中明间面阔 5.08 米；通进深 8.11 米，其中前台进深 3.85 米。台上区分前后台的隔断现已被拆除。台沿有照面枋，宽 0.43 米，出垂柱，垂柱长 0.15 米。照面枋和垂柱上有人物故事雕刻，但多已被破坏。戏台明间照面枋上设护栏，两次间照面枋上设栏板。戏楼下层高 3.06 米，上布白色方格板，已破损掉落部分。下层现堆放许多杂物，中间仅留一狭小通道。戏楼前檐四柱为圆木通柱造，其中下柱高 2.63 米，柱周长 1.28 米，柱础为鼓磴础，高 0.43 米。戏楼两侧各有耳房两间，小青瓦屋面，两侧有封火墙，通面阔 8.03 米，进深 9.22 米，较戏楼向前略微凸出。

戏楼东西有二层厢房，悬山顶，小青瓦屋面。西厢房三间，通面阔 8.78 米，进深 6.34 米。东厢房四间，通面阔 12.75 米，进深 6.56 米，通高 6.58 米。现均破损严重。

正殿与戏楼隔看坝相对，现看坝内杂草丛生。从看坝上数级踏道可至正殿，正殿为小青瓦屋面，两侧有封火墙，面阔五间，正中一间出抱厦。正殿西次间内存乾隆五十年刊的《盂兰盆会》石碑一通。正殿两侧各有一小厢房，现损毁严重。

自贡市贡井区南华宫戏楼

戏楼位于自贡市贡井区老街社区南华巷 6 号的南华宫内，与贡井贵州庙毗邻。南华宫为广东籍盐商在自贡集资修建的同乡会馆，内供奉南华六祖慧能，又名"岭南会馆"。南华宫建于清光绪二十五年（1899），坐西北向东南，由三个大小不等的四合院（前院、配院、后院）组成层叠式四合院。南华宫 1989 年 8 月被公布为区级文物保护单位，2009 年 2 月被公布为自贡市文物保

戏楼正面

戏楼脊饰

护单位，2012 年 7 月被公布为四川省文物保护单位。曾作为粮站使用，现收归文管所，被封闭，保存较差。

　　戏楼所在的前院由山门、戏楼、大殿和左右厢房构成。山门为砖石结构的门墙建筑，长 22.5 米，高 6.4 米，现正中开铁皮卷帘门一扇。戏楼为过路搭板戏台，坐东南向西北，背靠山门，正对正殿。单檐歇山顶，收山明显，筒瓦屋面，饰瓦当和滴水，正脊正中塑仙人、两端出龙头，垂脊前端塑套兽，戗脊上出龙头。各条脊身上均有雕刻，但已破坏。穿斗抬梁混合式梁架，砖木混合结构。基高 0.49 米。过路台，本为三面观，现两侧封墙，正面亦部分被封，仅为一面观。分上下两层，上为戏台，下为通道，通道两侧墙上有凹槽，演出时搭板作为台板。戏台省平柱呈一间之势，面阔 9.35 米；通进深 9.92 米，其中前台进深 5.39 米。从仅存柱子的痕迹看，金柱与辅柱斜向组成戏台上下场门，上下场门向前凸 0.97 米，使后台呈"凹"字形。戏台台沿有照面枋，由两层雕花板组成，雕有各种花纹图案。雕花板宽 0.64 米，出垂柱。不包括嵌入雕花板内部的部分，垂柱长 0.12 米。角柱为圆木通柱造，角柱间施额枋，额枋上出垂花柱。角柱内出角枋，插入金柱位置所出的垂花柱中。角柱外出角枋，插入挑檐枋所出的垂花柱中。挑檐枋出垂花柱四根，柱两侧有雀替。老角梁出龙头，仔角梁飞翘。屋顶举架较高，地面至脊檩距离为15.70米，其中下高2.91米。戏楼下层作三开间，其中明间面阔5.08米。下层平柱为石柱，高2.33米，柱础为鼓磴础，高0.58米，存1根。戏楼左右各有耳房2间，上覆小青瓦，两侧有封火墙，通面阔12.78米，进深6.88米，与后台相通。耳房后缩，与戏楼呈"品"字形。

戏楼两侧各有厢房5间，通面阔26.56米，进深6.43米，分上下层。上层亦作看楼，前出廊，廊前设栏杆，廊与戏楼耳房转角相通。现仅存东侧看楼，西侧为新砌楼房。

大殿与戏楼隔看坝相对，看坝为百姓看戏与公共活动之所，现杂草丛生。大殿通面阔22.36米作5开间，仅正中一间辟门，小青瓦屋面，正脊正中塑有人像，两侧砌封火墙，保存一般。

自贡市贡井区长土镇洞桥村夏洞寺戏楼

　　戏楼位于自贡市贡井区长土镇洞桥村三组的夏洞寺内。夏洞寺传说为长平公主携反清复明之士所建①，建于南明永历癸巳年（1653）②，清道光二十七年（1847）年重建。夏洞寺坐北向南，在南北轴线上依次增高排列为山门、戏楼、正殿和后殿，两侧为廊楼，整体呈二进四合院布局。1991年公布为省级重点文物保护单位，1995年进行修葺。现夏洞寺长期被封闭，虽定期有人打扫卫生，但寺内长满杂草。戏台上堆满了废弃的木板、桌凳等物品。

　　山门为砖石结构的牌楼式建筑，四柱三楼，仅明楼开门，门高3.85米，宽2.18米。大门上方挂竖匾"夏洞寺"。门楣上刻祥云图案，有雀替，门柱石刻楹联"梵宇宏深龙蟠虎踞"、"川流浩荡浪静波恬"。门前有抱鼓石，高0.84米，长0.98米。地面向上11级石踏道可至大门，现保存完好。

　　戏楼坐南向北，正对正殿，与山门相背而立，前后勾连。据说夏洞寺初建时并无戏台，"清道光末年该寺曾一度修葺和扩建，寺中戏台为此时所建，成为佛事活动与戏剧演出兼具的寺院，是自贡地区清末民初川剧演出的重要场所，香火及戏剧演出盛极一时"③。戏楼为单檐歇山顶，收山明显，筒瓦屋面，饰瓦当和滴水。正脊上塑宝瓶、二龙和鸱吻，垂脊前端塑套兽，戗脊上塑站立的女性人物像；各条脊身上均有雕刻，但现大多已被毁掉。檐下密布如意斗拱，檐角高翘。穿斗式梁架。过路台，三面观，分上下两层，上为戏台，下为通道。基高0.29米。

---

　　① 据刘亮晖《南明古刹夏洞寺》一文介绍，夏洞寺"初时唤名'下硐寺'，取其地势在'高硐之下'而名，后遂谐音传为夏洞寺"。（载《贡井盐业历史文化研究文集》，四川大学出版社2010年版，第58页。

　　② 即清顺治十年（1653）。

　　③ 自贡市贡井区盐业历史文化资料汇编：《盐都发端贡井》，大众文艺出版社2009年版，第173页。

戏楼正面

戏台内部

戏台平柱内移，通面阔 8.04 米作三开间，其中明间面阔 4.75 米，通进深 7.85 米，其中前台进深 5.83 米。台中用隔断分隔前后台，明间隔断两侧有上下场门，现隔断前堆积夏洞寺整修后的数块匾额，匾额上有南明义士所题写的对联。次间隔断比明间隔断前靠 0.93 米，使后台呈"凹"字形。前台台沿由三层雕花板组成，宽 0.81 米。戏台脊檩上有字，但被粉刷已看不清。平柱内缩，施内额，上彩绘双龙戏珠图案。角柱间以额枋相连，上彩绘花鸟图案。额枋下出垂柱两根，柱两侧有雀替。角柱和平柱间插枋，上有彩绘图案。角柱外出斜撑，且斜撑上镂空雕刻有龙，与从角部伸出的角枋承垂花柱和挑檐枋。老角梁出龙头，仔角梁飞翘。挑檐枋上有花纹彩绘，出垂花柱，成挂落。屋顶采用举架，地面至脊檩距离约 14.39 米，台口高 3.47 米，下高 2.38 米。角柱为圆木柱通柱，高 5.42 米，其中下柱高 1.96 米，柱周长 0.93 米，柱础高 0.42 米。戏楼下层顶上施方格彩绘木板。

戏楼周围以廊楼连接，硬山顶，小青瓦屋面，分上下两层，上层高 3.85 米。左右廊楼各三间，通面阔 10.51 米，进深 2.02 米，前设栏板，栏板高 1.12 米；下层设栏杆，第三间内有木踏道可至上层。南北方向亦各有三间廊楼，可作看楼用，通面阔 11.56 米，其中明间稍宽，进深 4.48 米；上层栏板上设窗户将正面封闭。

戏楼与正殿之间为看坝，由看坝上 12 级石踏道可至正殿。正殿为悬山顶，穿斗式梁架，面阔 21.02 米作五开间，进深 8.78 米。正殿柱础上有人物雕刻，由于年代久远，已风化部分。正殿左右各有厢房一间。正殿和厢房台基各刻有戏曲故事雕刻五幅，从东至西依次为《梁祝》《书生赶考》《共读西厢》《岳母刺字》《花木兰从军》《天仙配》《野猪林》《智审潘仁美》《程咬金卖耙》和《断桥相会》。东侧台基前置放太平缸，缸面上有戏曲人物雕刻。正殿之后为后殿。

自贡市大安区大山铺镇南华宫戏楼

　　戏楼位于自贡市大安区大山铺镇大山铺社区老街的南华宫内。南华宫修建年代不详，坐东向西，在东西轴线上依次增高排列为山门、戏楼和正殿，两侧为厢房，整体呈四合院布局，砖木混合结构。新中国成立后被作为粮站。1995年1月公布为大安区重点文物保护单位。

　　戏楼坐北向南，背靠山门，正对正殿。单檐歇山顶，小青瓦屋面。穿斗抬梁混合式梁架。过路台，三面观，分上下两层，上为戏台，下为通道。基高0.21米。戏台平柱内移，通面阔约8.47米作三开间，其中明间面阔5.45米。

戏楼正面

戏楼下层

戏台及两侧耳房的正面现被砌墙呈半封闭式。戏台前沿有照面枋，宽 0.69 米，由两层雕花板组成，两层中间收缩（类似弥座台基的束腰），下层雕花板刻有戏曲人物图案。照面枋出垂花柱四根，柱长 1.39 米，柱头上塑有兽首，现兽首已被损毁。戏楼角柱和平柱为圆木柱通柱，角柱高约 6.31 米，其中下柱高 2.07 米，柱础高 0.69 米，柱周长 1.30 米。平柱间施内额，下有花牙子雀替。角柱和平柱间插枋，枋下亦有花牙子雀替。角柱和平柱均外出斜撑，斜撑上均镂空雕刻人物图像，但已被破坏。角柱斜撑承从角部伸出的角枋，角枋插入挑檐枋所出的垂花柱之中。戏楼西下侧原有踏道上戏台前台，现已毁。戏楼下层现被砌墙封闭，用作堆砌杂物之所。

戏楼两侧各有耳房一间，分上下两层，小青瓦屋面，与厢房相通。左右各有厢房 6 间，小青瓦屋面，分上下两层，上层亦可作观看场所。厢房通面阔约 25.42 米，前有廊，廊深 0.83 米，可通过廊至耳房上戏台，现杂物堆积无法进入。下层厢房高 2.30 米，靠近正殿的第二间为甬道，由此可出入南华宫。现因戏楼下层前后被封，甬道是唯一可出入南华宫的通道。东厢房甬道右侧现为庄稼医院，西厢房甬道左侧现被一小贩放置货物。两厢房之间为看坝，由看坝上数级石踏道可至正殿。正殿作三开间，现封闭。

自贡市沿滩区仙市镇南和村南华宫戏楼

戏楼位于自贡市沿滩区仙市镇大岩乡南和村六组的南华宫内。南华宫为清代广东籍商人集资修建的同乡会馆，原名大岩南华宫。清光绪十七年（1891）开始动工修建，"民国"二十三年（1934）进行培修。南华宫坐东向西，沿中轴线依次分布为山门、戏楼和正殿，南北有厢房。南华宫现被仙市镇敬老院使用。笔者于2014年5月前往考察，敬老院正在进行扩建，对以上建筑有所破坏。现

戏楼正面

戏台现状

戏楼墙壁多处破损，前后台堆满杂物。

　　山门为砖石结构的牌楼式建筑，六柱五楼，明楼辟门。山门前是十级台阶。戏楼与山门相背而立，坐西向东。悬山顶，小青瓦屋面，饰瓦当和滴水。抬梁式梁架。过路台，三面观，分上下两层，上为戏台，下为通道。地面至脊檩距离约 8.65 米，其中下高 2.33 米，台口高 3.83 米。戏台通面阔 8.55 米作三开间，其中明间面阔 5.13 米；通进深 7.64 米，其中前台进深 5.48 米。台中用隔断分隔前后台，隔断上有人物彩绘，但现已模糊不清。隔断两侧有上下场门。次间隔断比明间隔断前靠 1.61 米，使后台呈"凹"字形。戏台台沿照面枋设置为栏板栏杆形式，宽高 0.69 米，栏板上雕刻有花纹图案。戏楼前檐柱为圆木通柱造，角柱通高 7.26 米，其中下高 1.87 米，柱础高 0.46 米。前檐柱斜撑上有花纹雕刻，承挑檐枋和垂柱。戏楼下层现已砌墙，次间开窗，明间留门，门高 2.08 米，宽 1.29 米。戏楼右侧有 13 级木踏道通往耳房的廊门，再由廊门至戏台前台；踏道宽 0.98 米。

　　戏台左右各有转角耳房 3 间，分上下两层，硬山顶，小青瓦屋面。其中与戏台同一方向的两间通面阔 6.64 米，进深 3.41 米；前有封闭的廊，宽 0.81 米，与戏台前台相通；两侧有封火墙。与戏楼垂直方向的一间面阔 3.32 米，进深 1.70 米。

　　戏楼前有 6 级石踏道可至看坝，看坝两侧各有厢房四间，悬山顶，小青瓦屋面，分上下层，现为敬老院住房。看坝向上 9 级石踏道可至正殿，正殿三开间，两侧设封火墙，现为敬老院老人饭厅。紧连封火墙之外，两侧又各设耳房一间。

自贡市富顺县狮市镇天后宫戏楼

　　戏楼位于自贡市富顺县狮市镇狮子滩社区 1 组油坊坡街 28 至 43 号的天后宫内。天后宫约建于清代中期，坐西向东，木结构，在中轴线上依次升高排列为戏楼和正殿，厢房位于两侧，整体呈四合院布局。南北厢房下有大门，油坊坡古街穿房而过。天后宫新中国成立后曾被居民用作住房，被改建严重。2009 年 2 月被公布为富顺县文物保护单位，现闲置，缺乏相应保护。笔者于 2014 年 5 月前往考察，因天后宫毁坏严重，戏楼和耳房被锁，未能精准测量

戏楼正面

厢房

相关数据。

戏楼坐东向西，单檐歇山顶，小青瓦屋面，抬梁式木结构。过路台，一面观，分上下两层，上为戏台，下为通道。戏楼因曾作为居民用房，上下两层四面均被砌墙。戏台面阔 12.22 米，平柱内移，明间稍宽，"进深三间 11 米，通高 9.5 米"①。戏楼平柱和两角柱皆为圆木通柱造，均高 6.22 米，柱础 0.39 米。戏台两侧各有耳房一间，进深与戏楼相同。

南北各有厢房，悬山顶，小青瓦屋面，木结构，分上下两层，"通高 8.8 米，面阔 5 间 20.65 米，下设城门，油坊坡街道贯穿左右厢房和坪坝。"②

正殿与戏楼隔坝相对，"沿平坝中部经十五级垂带踏道为正殿，建造在 1.56 米的台基上，面阔三间 13.97 米，进深三间 9.2 米，通高 7.6 米"③，悬山顶，上覆小青瓦，抬梁式木结构。

正殿两侧有耳房，"耳房为四合院布局，内设房屋两排，天井两口"④但天后宫改建，建筑已看不出原貌。

---

① 《狮市天后宫》，载《富顺文物》，富顺县政协委员会 2010 年编印，第 57 页。
② 同上。
③ 同上。
④ 同上。

自贡市富顺县狮市镇川主庙戏楼

　　戏楼位于自贡市富顺县狮市镇狮子滩社区油房坡街的川主庙内。川主庙建于清嘉庆五年（1800），坐北朝南，砖木混合结构，在南北轴线上依地势落差排列为戏楼和正殿，东西两侧为厢房，整体呈四合院布局。2008年10月被公布为富顺县文物保护单位，现为居民用房，缺乏相应保护。

　　戏楼坐南向北，背靠山门，正对正殿。单檐歇山顶，小青瓦屋面，抬梁式梁架。过路台，一面观，分上下两层。戏台平柱内移造，通面阔皆为8.72米作三开间，进深7.63米。戏楼上层东次间被封闭，明间与西次间作戏台，

戏楼正面

东厢房

戏台吴王靠

面阔 5.51 米。戏台为木制台面，不分前后台，后墙开三窗，正面设吴王靠栏杆。台沿原贴有雕花板，雕饰有戏曲人物，但"文革"期间被拆除。戏台顶上施斗八藻井，台面至藻井顶部距离为 4.22 米。被封闭的东次间为演员梳妆休息之用，正面开窗，侧面有门通往戏台，现为居民使用。戏楼角柱和平柱为圆木通柱造，角柱高 5.94 米，周长为 1.08 米，柱础高 0.72 米。平柱间施额枋，柱间有云墩和雀替。角柱外出斜撑，承从角部伸出的角枋。斜撑上镂空雕刻有人物图像，但现已不存。戏楼下层明间作过路通道，面阔 5.51 米，两侧砖砌墙封闭，作为居民用房。戏楼两侧各有耳房一间，与戏楼进深相同，现西侧耳房前部被拆，下有 13 级转角踏道可达戏台，踏道宽 0.99 米。

戏楼和正殿两侧为二层厢房。因地势高低不一，其中与耳房相连的三间低于与正殿耳房相连的两间。这三间厢房亦可作看楼，小青瓦屋面，上层前有廊，廊前设栏板。现仅存东侧三间，西边三间已被拆除，新建有民房。与正殿耳房相连的两间上层无廊，单檐歇山顶，小青瓦面。正殿建在约 1.10 米的台基之上，悬山顶，抬梁式，面阔约 15 米作三开间，其中明间面阔约 5 米，保存较好。正殿两侧各有耳房一间。

自贡市富顺县长滩镇天后宫戏楼

　　戏楼位于自贡市富顺县长滩镇长滩坝社区 2 组西街 84 号的天后宫内。天后宫建于清光绪年间，原为长滩镇福建客商林氏家族所建，用于供奉妈祖，即天后娘娘。天后宫坐西北朝东南，戏楼和正殿均在同一中轴线上，两侧施以厢房，整体呈四合院布局。天后宫正殿现改建为居民住房，仅存屋顶；戏楼下部亦改建；左厢房已被拆除，右厢房屋脊残存部分。

　　戏楼背靠山门，过路台，一面观，悬山顶，小青瓦屋面，抬梁式木结构，移平柱造，面阔 8.81 米；通进深 8.36 米，其中前台进深 4.92 米。台中以隔断

戏楼正面

山门（戏楼背面）

戏台现状

分隔前后台，隔断两侧有上下场门，门高 1.67 米，宽 0.68 米。地面至屋顶正脊高度为 8.05 米，其中台口高 3.11 米。戏楼角柱为圆木柱通柱造，通高 5.23 米。前檐四柱前均外出斜撑，角柱斜撑较长，且透雕人物，与从角部伸出之角枋承檐枋。角枋内伸，插入平柱之中，平柱间施额枋。戏楼下高 2.12 米，原为过路通道，今加砖墙封闭成小屋形式，仅于底层中部留卜巷道以供出入。下层左侧外部有石踏道可达前台。戏楼两侧各有耳房两间，穿斗式结构，悬山顶，小青瓦屋面，通面阔均为 9.43 米，进深均为 5.91 米，有门与后台相通。

戏楼由耳房连接厢房，厢房连接正殿。左厢房今不存，仅余右厢房。右厢房为悬山顶，抬梁式结构，小青瓦屋面，通面阔 17.21 米作四开间，进深 3.47 米，地面至于屋顶正脊檩高 5.71 米，分上下两层，其中下层高 3.25 米。正殿为悬山顶，小青瓦屋面，通面阔 18.12 米作五开间，其中明间面阔 5.25 米，前有走廊，廊深 1.38 米。条石台基，基高 0.89 米，前有八级石踏道以供上下。

资阳市安岳县千佛乡玉皇楼戏台

  戏台位于资阳市安岳县千佛乡龙佛街西段72号，原属玉皇楼的附属建筑。玉皇楼建筑时间不详，现其他建筑已毁，仅剩戏楼。由戏楼脊檩题记"大清同治甲子岁十月立"可知戏楼建于清同治三年（1864），又据抬梁上题记"此树赠送玉皇楼维修之用。公元一九九八年十月"等字可知，戏楼于1998培修。戏台缺乏应有保护，现柱子和台沿上写着"危房""小孩严禁上楼"等字，居民用作堆放木柴之所。

戏台正面

戏楼坐东向西，单檐歇山顶，收山明显，小青瓦屋面，正脊正中塑有佛像，两端有鸱吻。抬梁式结构，封闭式山花。三面观。基高1.26米。戏台移平柱造，通面阔8.14米作三开间，其中明间4.78米；通进深9.10米，其中前台进深4.60米。台中木质隔断区分前后台，隔断两侧有上下场门，门高2.40米，宽0.75米。后台两侧向前台凸1.01米，使后台呈"凹"字形。台口

戏台侧面

戏台背面

本有护栏，现已拆除。两角柱高4.71米，柱础0.46米。角柱外出角枋，承角梁和挑檐枋。角柱和平柱间插枋。平柱间施内额。檐檩出垂柱两根。地面至脊檩高8.45米，其中台口高4.10米。戏楼两次间的侧面原有木踏道可上戏台，现已拆除，现改建在正面，为七级石踏道。

后 记

　　这本小书的形成实属不易。一则因为在进入山西师范大学戏曲文物研究所博士后流动站学习之前，我对戏曲文物了解甚少；二则因为研究戏曲文物需要很多知识，比如古建筑、雕塑、测绘、摄影等，我在这些方面可谓一片空白。衷心感谢导师车文明先生的引路、教诲和鼓励。先生把我带进了一个全新的领域，不但教了我很多具体的知识，而且还教会了我综合运用文献、文物和运用田野调查进行学术研究的方法。每当我带着疑问求教先生时，他总是热情鼓励和耐心指导。先生通博深邃的学术思想，让我终身受益；先生平和儒雅的大家风范，让我如沐春风。

　　感谢山西师范大学戏曲文物研究所所有老师对我的教育和关心。感谢我的博士后出站报告评议委员会郭万金教授、许并生教授、延保全教授、曹飞教授和孙俊士教授的肯定和指导。感谢我的博士导师李大明先生和四川艺术研究院杜建华研究员的鼓励与支持。感谢我的师兄唐普、好友王学锋无微不至的关怀。

　　感谢我曾经工作的单位宜宾学院允许我不上课而专门外出考察，并提供充足的科研经费和生活经费，解决我后顾之忧。感谢我现在的工作单位成都理工大学提供出版经费，并特别感谢社科处刘玉邦处长、传播科学与艺术学院刘迅书记和杜仕勇院长，在工作和生活方面给予的无私帮助。感谢国家艺术基金管理中心的肯定和资助，让我深切体会到作为一名传统文化的保护者和研究者的荣誉感、责任感及使命感。

　　感谢学生李文洁、邓弟蛟、李珊和曾浩月帮我查阅资料、实地考察和整理词条。感谢泸州市叙永中学吴丽老师帮忙补拍泸州市的古戏楼照片。感谢张莉、刘勇成、刘鑫、彭世宏和余天钜在我与学生外出考察中，给予各方面的热情帮助。感谢好友胥建、朱晓安帮助加工处理照片。可以说，这本小书是大家共同心血的结晶。另外，感谢中国戏剧出版社肖楠和李静老师为此书的出版付出了不少心血。感谢我的家人无怨无悔地支持我的教学和科研工作。

　　这项研究工作虽然暂告一段落，但又似乎刚刚开始。我会继续研究下去，为四川戏曲的振兴贡献绵薄之力。由于拙稿涉及的对象甚多，时间紧迫，精力和学力有限，难免有错讹谬误之处，恳请各位专家批评指正。（何光涛）